秸秆综合利用政策解读

JIEGAN ZONGHE LIYONG ZHENGCE JIEDU

毕于运　王亚静　编著

中国农业出版社
农村读物出版社
北　京

图书在版编目（CIP）数据

秸秆综合利用政策解读 / 毕于运，王亚静编著．—北京：中国农业出版社，2019.12

ISBN 978-7-109-26366-6

Ⅰ.①秸…　Ⅱ.①毕…②王…　Ⅲ.①秸秆—综合利用—农业政策—中国　Ⅳ.①S38

中国版本图书馆 CIP 数据核字（2019）第 277533 号

中国农业出版社出版

地址：北京市朝阳区麦子店街 18 号楼

邮编：100125

责任编辑：张德君　李　晶　　文字编辑：张　毓

版式设计：王　晨　　责任校对：刘丽香

印刷：中农印务有限公司

版次：2019 年 12 月第 1 版

印次：2019 年 12 月北京第 1 次印刷

发行：新华书店北京发行所

开本：880mm×1230mm　1/32

印张：9.75

字数：200 千字

定价：55.00 元

参加编著人员

王红彦　高春雨　周　珂　王　飞
石祖梁　孙仁华　杨海燕　张　瑜
张　勇　徐振贤　王　萍　王　莹
王　环　冯新新　赵　丽　谢　杰
杨　东　莫际仙　王　磊

前　言

2015年9月11日中共中央政治局会议审议通过的《生态文明体制改革总体方案》（中发〔2015〕25号）明确提出“完善农作物秸秆综合利用制度”的要求。2017年中共中央办公厅、国务院办公厅《关于创新体制机制推进农业绿色发展的意见》（中办发〔2017〕56号）再次提出“完善秸秆和畜禽粪污等资源化利用制度”的要求。“完善农作物秸秆综合利用制度”已成为现阶段秸秆综合利用的国家最高指示精神。

据不完全统计，1997年以来，国家各部门共计发布了35个以秸秆综合利用和/或禁烧为专题内容的国家行政规范性文件。本书主要以此35个专题文件为依据，对国家秸秆综合利用行政指导政策的精神实质和指导要求进行系统梳理、解读和评述，并提出相应的政策建议。

全书共分为七章。第一章“农作物秸秆综合利用国家行政规范性文件汇总与类别分析”，将1997年以来发布的35个以秸秆综合利用和/或禁烧为专题内容的行政规范性文件进行了汇总分类。第二至七章分别从“以用促禁与多功能性发挥”“农业优先与多元利用”“科技支撑与试点示范”“政策扶持与市场运作”“因地制宜与突出重点”“离田利用与产业化发展”等六个方面对国家相关行政指导政策进行了详细解读。

在进行国内农作物秸秆综合利用政策解读的同时，本书还在附录一和附录二中，分别对发达国家农作物秸秆利用法规政策、我国农作物秸秆综合利用和禁烧管理法规进行了综述，并提出了相应的经验启示和立法建议。以飨读者。

此书得以付梓，得到了国家自然科学基金面上项目“农作物秸秆综合利用生态价值量估算方法研究”（项目编号：41771569）、中国农业科学院科技创新工程等项目的资助，在此一并致谢！

本书的疏漏与不足，敬请读者批评指正。

编　者

2019 年 10 月于北京

目　录

前言

第一章　农作物秸秆综合利用国家行政规范性文件汇总与类别分析 …… 1

一、以秸秆养畜和秸秆还田为主的早期秸秆利用政策 …… 2

二、我国秸秆焚烧的发生、早期发展与秸秆综合利用和/或禁烧文件的发布 …… 3

三、文件类别分析 …… 11

第二章　以用促禁与多功能性发挥 …… 14

一、“疏堵结合，以疏为主”秸秆禁烧和综合利用行政指导方针的提出 …… 15

二、“疏堵结合，以疏为主”秸秆禁烧和综合利用行政指导方针的进一步巩固 …… 19

三、由“疏堵结合，以疏为主”到“疏堵结合，以疏为主；以用促禁，以禁促用” …… 21

四、秸秆综合利用与秸秆禁烧行政指导要求的平衡发展和秸秆综合利用多功能性的充分发挥 …… 24
五、结语 …… 31

第三章　农业优先与多元利用 …… 33

一、早期以秸秆还田和秸秆养畜为主的秸秆利用政策 …… 33
二、由秸秆还田和秸秆养畜向秸秆能源化利用政策的拓展 …… 36
三、秸秆五种利用途径与秸秆综合利用总体发展目标——“布局合理、多元利用的秸秆综合利用产业化格局”的提出 …… 38
四、“农业优先，多元利用”指导原则的提出与多元化利用格局的初步形成 …… 41
五、秸秆综合利用总体发展目标——“布局合理、多元利用的秸秆综合利用产业化格局”的进一步明确和强调 …… 44
六、“农业优先，多元利用”指导原则的进一步巩固和发扬 …… 46
七、结语 …… 52

第四章　科技支撑与试点示范 …… 55

一、国家各部门早期行政指导政策对秸秆综合利用科技支撑与试点示范工作的要求 …… 56
二、国家系列行政规范性文件对科技支撑与试点示范

等秸秆综合利用行政指导原则的各自表述及其对科技支撑与试点示范工程的具体要求 …………………… 60
三、国家各部门推介的秸秆综合利用技术体系 ………………… 70
四、国家秸秆综合利用试点项目的启动与实施 ……………… 102
五、农业农村部提出全面推进秸秆综合利用工作的新要求 ………………………………………………… 103
六、结语 ……………………………………………………………… 104

第五章　政策扶持与市场运作 ……………………………………… 105

一、农作物秸秆综合利用“公益性事业”的定位与责任主体的确定 ……………………………………………… 106
二、国家系列行政规范性文件对政策扶持与市场运作等秸秆综合利用行政指导原则的各自表述 ………………… 111
三、农作物秸秆综合利用投资扶持政策 ……………………… 115
四、农作物秸秆综合利用税收优惠政策 ……………………… 160
五、农作物秸秆综合利用（秸秆发电）市场调控和价格优惠政策 …………………………………………………… 170
六、农作物秸秆综合利用信贷优惠政策 ……………………… 175
七、农作物秸秆收储加工用地用电政策 ……………………… 178
八、农作物秸秆运输“绿色通道”政策 ……………………… 181
九、以企业为主体推进秸秆产业化利用 ……………………… 183
十、社会化服务组织的市场主体地位逐步得以突出显现 ………………………………………………… 187
十一、全方位培育市场主体 ………………………………………… 194
十二、公众参与和农民积极性调动 ……………………………… 196

十三、结语 …… 200

第六章 因地制宜与突出重点 …… 202

一、国家系列行政规范性文件对因地制宜与突出重点等秸秆综合利用行政指导原则的各自表述 …… 202
二、国家早期系列行政规范性文件对秸秆综合利用重点区域和重点建设内容的规定 …… 206
三、国家秸秆综合利用实施方案提出的重点领域和重点工程 …… 210
四、重点地区秸秆综合利用实施方案及其重点任务和重点工程 …… 218
五、新时期国家秸秆产业化发展要求 …… 228
六、结语 …… 234

第七章 离田利用与产业化发展 …… 237

一、在我国已利用秸秆总量中，基本上是半量还田和半量离田利用 …… 237
二、秸秆饲料化利用在秸秆离田利用中占主导地位 …… 240
三、秸秆新型产业化利用量仅占可收集利用量的5%～6% …… 241
四、秸秆离田多元化利用策略 …… 251

附录一 发达国家农作物秸秆利用法规政策及其经验启示 …… 257
一、国外秸秆利用概况 …… 258

二、发达国家秸秆利用政策 ………………………………… 259
三、发达国家秸秆利用法规 ………………………………… 266
四、经验与借鉴 ……………………………………………… 270

附录二 农作物秸秆综合利用和禁烧管理国家法规综述与立法建议 ……………………………… 274
一、农作物秸秆综合利用国家法规 ………………………… 275
二、农作物秸秆禁烧管理国家法规 ………………………… 281
三、立法建议 ………………………………………………… 287

参考文献 ……………………………………………………… 294

第一章　农作物秸秆综合利用国家行政规范性文件汇总与类别分析

国家行政规范性文件是由国家行政机关在其权限范围内，依据国家法律、法规、规章和上级部门行政规定，按规定程序制定发布的、在全国范围内具有普遍约束力的行政指令（俗称“红头文件”）。农作物秸秆（简称秸秆）综合利用国家行政指导政策是指以国家行政规范性形式发布的，旨在指导和推进秸秆综合利用目标、任务和项目顺利实施而制定的总体思路、指导原则、政策规定和行政措施等。

从总体内容看，秸秆综合利用国家行政指导政策可分为两大类：一是国家专项行政指导政策，即以秸秆综合利用和/或禁烧为专题内容发布的国家行政规范性文件（简称专题文件）及其对秸秆综合利用的行政指导规定。其中，大多数以秸秆禁烧为题发布的国家行政规范性文件亦从“疏堵结合，以疏为主”的角度，对秸秆综合利用提出了明确要求。二是国家综合性行政指导政策，即将秸秆综合利用或其相关领域的产业发展作为文件部分内容的国家综合性行政规范性文件及其对秸秆综合利用做出的行政指导规定。该类行政规范性文件主要是某些国家大政方针政策，如中央1号文件、国家生态文明建设战略决策、可持续发展战略决策、资源综合利用政策、循环经济政策、国家应对气候变化战略行动、国家节能减排政策、可再生能源政策、生物质产业政策等。

据不完全统计，1997年以来国家各部门共计发布了35个以秸秆综合利用和/或禁烧为专题内容的国家行政规范性文件。本作主要以此35个专题文件为依据，对国家秸秆综合利用行政指导政策的精神实质和指导要求进行系统的梳理、解读和评述，并根据需要提出相应的政策建议。

一、以秸秆养畜和秸秆还田为主的早期秸秆利用政策

我国是一个人口众多、农业比重大的发展中国家，秸秆利用有着悠久的历史。长期以来，农作物秸秆在农民生活和农业生产中充当着重要的角色，农民靠它建房蔽日遮雨、烧火做饭取暖、养畜积肥还田。

改革开放以来，我国更加重视秸秆的利用问题。农业部陆续发布了很多涉及秸秆利用内容的行政规范文件。20世纪80年代以后，随着秸秆焚烧问题的逐步显现，国家有关秸秆的行政指导更日益增多。

1991年，时任中共中央总书记江泽民到河北省石家庄市视察时，要求一定要把农作物秸秆利用工作抓好。同年11月，时任国务院总理李鹏在山东考察时指出："要大力发展饲养业，由秸秆直接还田到'过腹还田'，利用粮食、秸秆养猪、养牛，然后猪粪、牛粪还田，减少化肥施用量，既可以提高土壤肥力，又可以降低生产成本，使农业生产进入良性循环，做到既高产又

高效。”

1992年国务院办公厅以国办发〔1992〕30号文的形式转发了农业部《关于大力开发秸秆资源发展农区草食家畜的报告》，并根据该报告要求决定在全国农区重点省份实施秸秆养畜示范项目，于当年安排了10个秸秆养牛示范县。从此，我国养牛业结束了几十年发展较为缓慢的局面，进入高速发展的新时期。1994年，李鹏总理在中央农村工作会议上讲话时再次强调：“推广秸秆过腹还田，发展养牛业，可以增加优质动物蛋白，改善食物结构；可以增加农家肥，节约化肥，改良土壤，是农民致富的一条有着广阔前景的路子。”随后，国务院决定，仿照秸秆养牛示范项目的做法在全国实施秸秆养羊、养水牛和养奶牛示范项目，并于1996年由国务院办公厅以国办发〔1996〕43号文的形式转发了农业部编制的《关于1996—2000年全国秸秆养畜过腹还田项目发展纲要》，明确提出将秸秆养畜过腹还田项目纳入国家农业综合开发计划，加快秸秆养畜示范基地建设，有效地提升我国的秸秆饲料化利用率和秸秆加工处理利用水平。至此，“秸秆畜牧业”开始形成，并成为国家的政策导向和广大农民的实践，在经济、生态以及社会效益方面取得了巨大的成绩（毕于运 等，2010）。

二、我国秸秆焚烧的发生、早期发展与秸秆综合利用和/或禁烧文件的发布

（一）我国秸秆焚烧的发生与早期发展

我国秸秆焚烧问题于20世纪80年代中期开始显现。1986

年 10 月 18 日《中国环境报》以《大量焚烧庄稼秸秆，石家庄被烟雾笼罩》为题较早报道了我国的秸秆焚烧问题（王鲁，1986）。文中指出："每到傍晚，河北石家庄整个城区被烟雾笼罩，持续时间达 7 小时之久。浓烟中，人们只好紧闭门窗，汽车只能缓慢行驶。烟气污染成了全市大街小巷议论的中心话题，环保局每天接到大量群众电话询问原因""调查结果表明，由于郊县农民大量焚烧潮湿的农作物秸秆，以及天气原因，使飘入市区的浓烟经久不散，造成环境污染。"此次污染过程从文章报道前数天一直持续到 10 月 25 日。

在 CNKI 收录的中文期刊文献中，姬庆瑞（1987）以《作物秸秆不可焚烧》为题最早论述了我国的秸秆焚烧问题："近年来，随着农村土地承包责任制的实行和完善，农民生产积极性大大提高，但在施肥上，有些地区特别是城市郊区农民，只重视化肥的施用，而忽视了对农作物秸秆的利用，每到夏、秋收获季节常常在田间把麦茬、麦秸和玉米秆焚烧，而且越来越严重。""焚烧作物秸秆，不仅烟雾弥漫，造成自然环境的污染，而且也极易发生火灾，烧坏庄稼，烧焦树木，危害他人财产安全和破坏绿化等。更可惜的是使提供热能的碳素和氮、碳等营养成分白白跑掉。"

1988 年 7 月 11 日《农民日报》以《制止麦收后的"一把火"》（李管来、张永祥，1988）为题报道了山西省的麦秸焚烧现象以及运城市委政研室对麦秸焚烧主要成因的分析和禁烧建议。

上述报道距离 1978 年的改革开放只有 8～10 个年头。

进入 20 世纪 90 年代，秸秆焚烧问题在全国各主要农区蔓延。1991 年陕西省政协会议上，省民盟小组提出了《关于制止在农村焚烧秸秆及促进秸秆合理利用》提案，这是我国载入史册

的关于秸秆禁烧的第一份省级以上政协提案。自此以后，越来越多的地方在行政管理层面开始关注秸秆焚烧问题。

到 20 世纪 90 年代中期，秸秆焚烧已遍及全国各主要农区，时常对城市、机场、公路和铁路交通造成烟雾侵扰（毕于运 等，2008）。据新华网“焦点网谈”栏目报道：1996 年，秸秆烟雾第一次给双流机场造成危害。当年 5 月 31 日，机场被迫关闭，13 个航班分别备降重庆、咸阳、贵阳、宜宾等机场。当年秋，农民焚烧秸秆再次造成机场关闭、航班备降。1997 年 5 月 14 日—18 日，成都周边农村焚烧秸秆产生的烟雾连续 5 天笼罩双流机场，双流机场被迫两度关闭。1998 年 5 月 13 日—14 日，双流机场被迫三次关闭，17 个航班延误或者改降，滞留旅客 3 000 多人。据当地媒体报道，当时全国足球联赛成都主场被秸秆焚烧的烟雾弥漫，球迷们看球如同雾里看花。1999 年 5 月，时任国务院总理朱镕基准备到成都视察，所乘专机因秸秆焚烧的浓烟无法在双流机场降落，不得不返飞北京。事后，朱镕基总理专门划拨了 1 000 万元总理基金给成都，用于治理焚烧秸秆问题。2000 年，成都市发布了《成都市禁止焚烧农作物秸秆办法》，对禁烧范围、责任、监管、处罚、保障措施等进行全面规定。成都市政府在“禁烧”管理上不遗余力，但效果却不尽人意——2004 年 5 月 11 日，成都双流机场又因秸秆焚烧烟雾侵扰而紧急启动了Ⅱ级盲降系统……

（二）国家各部门 1997 年以来专题发布的秸秆综合利用和禁烧行政规范性文件

随着焚烧秸秆问题的日趋严重，1997 年夏天，时任国务院副总理朱镕基做出指示：（为应对秸秆焚烧）要切实抓好秸秆的综合利用工作。

针对秸秆焚烧的严峻形势，农业部于1997年5月4日发布了《关于严禁焚烧秸秆，切实做好夏收农作物秸秆还田工作的通知》。但此之后，有的地方秸秆焚烧有增无减，为此，1997年6月11日农业部又下发了《关于严禁焚烧秸秆做好秸秆综合利用工作的紧急通知》。此两个通知是我国最早以秸秆禁烧和秸秆综合利用（或秸秆还田）为题的国家行政规范性文件。

自此以后，国家各部门又相继单独或联合发布了一系列以秸秆综合利用和/或禁烧为题的行政规范性文件。由表1-1可见，在1997年至2019年的23年中，除2002年、2004年、2006年、2010年、2018年外，其他年份，每年都有此类专题文件问世，总计达到32个。

与此同时，国家各部门共计发布了2个以秸秆气化为特定内容的行政规范性文件，即农业部办公厅《关于做好秸秆沼气集中供气工程试点项目建设的通知》（农办科〔2009〕22号）和国家发展和改革委员会办公厅、农业部办公厅、国家能源局综合司《关于开展秸秆气化清洁能源利用工程建设的指导意见》（发改办环资〔2017〕2143号）。农办科〔2009〕22号文的发布有效地促进了沼气原料多元化的发展，发改办环资〔2017〕2143号文则将秸秆沼气与秸秆热解气化进行了统筹考虑。

2015年，科学技术部、农业部还以秸秆与粪便为主要农业废弃物，联合发布了《关于发布〈农业废弃物（秸秆、粪便）综合利用技术成果汇编〉的通知》（国科函农〔2015〕255号）。

如果将上述3个行政规范性文件包括在内，据不完全统计，

1997 年以来国家各部门共计发布了 35 个以秸秆综合利用和/或禁烧为专题内容的行政规范性文件，具体如表 1－1 所示。

表 1－1　国家各部门 1997 年以来发布的 35 个以秸秆综合利用和/或禁烧为专题内容的行政规范性文件

序号	发布时间与文号	发布单位	文件名称
1	1997 年	农业部	关于严禁焚烧秸秆，切实做好夏收农作物秸秆还田工作的通知
2	1997 年	农业部	关于严禁焚烧秸秆做好秸秆综合利用工作的紧急通知
3	农环能〔1998〕1 号	农业部、财政部、交通运输部、国家环境保护总局和中国民航总局	关于严禁焚烧秸秆保护生态环境的通知
4	1999 年	共青团中央和科学技术部	关于在秸秆综合开发利用中充分发挥团员青年示范带头作用的紧急通知
5	环发〔2000〕136 号	国家环境保护总局、农业部、科学技术部和共青团中央	关于印发全国秸秆禁烧和综合利用工作会议领导讲话的通知
6	环发〔2001〕155 号	国家环境保护总局	关于做好 2001 年秋季秸秆禁烧工作的紧急通知
7	环发〔2003〕78 号	国家环境保护总局	关于加强秸秆禁烧和综合利用工作的通知
8	农机发〔2003〕4 号	农业部	关于进一步加强农作物秸秆综合利用工作的通知

（续）

序号	发布时间与文号	发布单位	文件名称
9	环发〔2005〕52号	国家环境保护总局、农业部、财政部、铁道部、交通运输部和中国民航总局	关于进一步做好秸秆禁烧和综合利用工作的通知
10	农办机〔2007〕20号	农业部办公厅	关于进一步加强秸秆综合利用禁止秸秆焚烧的紧急通知
11	环办〔2007〕68号	国家环境保护总局办公厅	关于进一步加强秸秆禁烧工作的紧急通知
12	国办发〔2008〕105号	国务院办公厅	关于加快推进农作物秸秆综合利用的意见
13	环发〔2008〕22号	环境保护部	关于进一步加强秸秆禁烧工作的通知
14	环办函〔2009〕712号	环境保护部办公厅	关于做好2009年秋季秸秆禁烧工作的通知
15	发改环资〔2009〕378号	国家发展和改革委员会、农业部	关于印发编制秸秆综合利用规划的指导意见的通知
16	农办科〔2009〕22号	农业部办公厅	关于做好秸秆沼气集中供气工程试点项目建设的通知
17	环办〔2011〕78号	环境保护部办公厅	关于做好2011年秸秆禁烧工作的紧急通知
18	发改环资〔2011〕2615号	国家发展和改革委员会、农业部、财政部	关于印发《“十二五”农作物秸秆综合利用实施方案》的通知

（续）

序号	发布时间与文号	发布单位	文件名称
19	环办函〔2012〕561号	环境保护部办公厅	关于做好2012年夏秋两季秸秆禁烧工作的通知
20	环办函〔2013〕470号	环境保护部办公厅	关于做好2013年夏秋两季秸秆禁烧工作的通知
21	发改环资〔2013〕930号	国家发展和改革委员会、农业部、环境保护部	关于加强农作物秸秆综合利用和禁烧工作的通知
22	环办函〔2014〕612号	环境保护部办公厅	关于做好2014年夏秋两季秸秆禁烧工作的通知
23	发改环资〔2014〕116号	国家发展和改革委员会、农业部	关于深入推进大气污染防治重点地区及粮棉主产区秸秆综合利用的通知
24	发改办环资〔2014〕2802号	国家发展和改革委员会办公厅、农业部办公厅	关于印发《秸秆综合利用技术目录（2014）》的通知
25	发改环资〔2014〕2231号	国家发展和改革委员会、农业部、环境保护部	关于印发《京津冀及周边地区秸秆综合利用和禁烧工作方案（2014—2015年）》通知
26	环办函〔2014〕612号	环境保护部办公厅	关于做好2014年夏秋两季秸秆禁烧工作的通知
27	发改环资〔2015〕2651号	国家发展和改革委员会、财政部、农业部、环境保护部	关于进一步加快推进农作物秸秆综合利用和禁烧工作的通知
28	国科函农〔2015〕255号	科学技术部、农业部	关于发布《农业废弃物（秸秆、粪便）综合利用技术成果汇编》的通知

（续）

序号	发布时间与文号	发布单位	文件名称
29	农办财〔2016〕39号	农业部办公厅、财政部办公厅	关于开展农作物秸秆综合利用试点　促进耕地质量提升工作的通知
30	发改办环资〔2016〕2504号	国家发展和改革委员会办公厅、农业部办公厅	关于印发编制“十三五”秸秆综合利用实施方案的指导意见的通知
31	农科（能生）函〔2016〕第213号	农业部科教司	关于推介发布秸秆“五料化”利用技术的通知
32	发改办环资〔2017〕2143号	国家发展和改革委员会办公厅、农业部办公厅、国家能源局综合司	关于开展秸秆气化清洁能源利用工程建设的指导意见
33	农科教发〔2017〕9号	农业部	关于印发《东北地区秸秆处理行动方案》的通知
34	农办科〔2017〕24号	农业部办公厅	关于推介发布秸秆农用十大模式的通知
35	农办科〔2019〕20号	农业农村部办公厅	关于全面做好秸秆综合利用工作的通知

除此之外，国家各部门还从部署秸秆综合利用管理工作的角度发布了不少行政规范性文件，如农业部农业机械化管理司《关于开展秸秆气化技术应用情况调研的通知》（农机科〔2007〕15号）、国家发展和改革委员会办公厅和农业部办公厅《关于开展农作物秸秆综合利用规划中期评估的通知》（发改办环资〔2013〕221号）、国家发展和改革委员会办公厅和农业部办公厅《关于开展农作物秸秆综合利用规划终期评估的通知》（发改办环资〔2015〕3264号）、财政部办公厅和农业部办公厅《关于开展农

作物秸秆综合利用试点补助资金绩效评价工作的通知》（财办农〔2015〕150号）、农业部办公厅《关于征集农作物秸秆综合利用典型模式的通知》（农办科〔2016〕23号）、农业部科教司《关于报送2015年县级农作物秸秆综合利用统计数据的通知》（农科（能生）函〔2016〕55号），等等。由于这些行政规范性文件没有就秸秆综合利用本体提出具体的行政指导政策要求，故本文没有将其作为秸秆综合利用政策解读和分析的对象。

另外，交通运输部还以答复两会意见建议的方式，公开发布了《关于鼓励支持秸秆收储体系建设的建议》，其有关内容将在第五章中论述。

三、文件类别分析

我国秸秆综合利用行政指导政策是一个逐步完善的过程。在表1-1列示的35个专题文件中，以秸秆综合利用为题的16个，以秸秆综合利用和禁烧为题的9个，以秸秆禁烧为题的10个。

文件发布涉及的部门，除国务院办公厅（国务院日常工作执行机构）和共青团中央外，其他部门皆属于国务院组成部门，包括农业部（2018年3月前）、农业农村部（2018年3月后）、财政部、国家环境保护总局（2008年7月前）、环境保护部（2008年7月—2018年3月）、国家发展和改革委员会、科学技术部、交通运输部、中国民航总局（由交通运输部管理）、铁道部（2013年3月撤销）、国家能源局，以及各部、委、局的内设机构。

在表1-1列示的35个专题文件中，由农业农村部（包括原农业部，下同）单独发布或与其他部、委、局联合发布的共计23个，基本贯穿于1997—2019年间；由环境保护部和国家环境保护总局单独发布或与其他部、委、局联合发布的共计15个，集中于1998—2015年间；由国家发展和改革委员会与其他部、委、局联合发布的共计9个，主要集中于2009年后；由财政部与其他部、委、局联合发布的共计5个，分别于1998年、2005年、2011年、2015年、2016年发布；由科学技术部与其他部、委、局联合发布的共计3个，分别于1999年、2000年、2017年发布；由交通运输部、中国民航总局、铁道部等交通运输部门与其他部、委、局联合发布的共计2个，分别于1998年、2005年发布；由共青团中央与其他部、委、局联合发布的共计2个，分别于1999年、2000年发布；由国家能源局与其他部、委联合发布的1个，于2017年发布。2008年国务院办公厅发布的《关于加快推进农作物秸秆综合利用的意见》（国办发〔2008〕105号）对推进我国秸秆综合利用具有划时代意义。

在国家各部门早期发布的专题文件中，有关秸秆综合利用的行政指导政策在很大程度上是顺应秸秆禁烧的要求而制定的。随着实践的发展，“疏堵结合，以疏为主；以用促禁，以禁促用”的秸秆禁烧和综合利用总体指导方针和“农业优先，多元利用”的秸秆综合利用行政指导原则得以牢固确立，逐步平衡了秸秆综合利用与秸秆禁烧行政指导要求之间的关系，使秸秆综合利用的多功能性日益受到重视；“以用促禁，以禁促用”的行政指导原则，既强调了秸秆综合利用在提高资源利用效率和培肥土壤、发展循环经济和新型产业、增加农民收入等方面的作用，又强调了秸秆禁烧对秸秆综合利用的倒逼作用；“科技支撑与试点示范”

“政策扶持与市场运作”“因地制宜与突出重点”等行政指导原则的提出，有力地推动了秸秆综合利用科技含量、产业化水平和综合利用实效的快速提升，使秸秆综合利用逐步成为治理大气污染、推进节能减排、建设生态文明、促进农业可持续发展的重要抓手。

第二章　以用促禁与多功能性发挥

我国秸秆焚烧问题始于20世纪80年代中期，继之形成蔓延之势；到90年代中期已遍及全国各主要农区（毕于运 等，2008）。

面对秸秆焚烧的严峻形势，农业部于1997年首次发布了以秸秆综合利用和/或禁烧为题的国家行政规范性文件。自此以后，国务院办公厅、农业部、环境保护部和国家环境保护总局、国家发展和改革委员会、财政部、科学技术部、交通运输部、中国民航总局、铁道部以及共青团中央等部门，又相继单独或联合发布了一系列的以秸秆综合利用和/或禁烧为题的国家行政规范性文件（详见表1－1）。

在国家各部门早期发布的行政规范性文件中，有关秸秆综合利用的行政指导政策主要是顺应秸秆禁烧的要求而制定的。先是牢固地树立了“疏堵结合，以疏为主”的秸秆禁烧和综合利用指导方针，继而在不断明晰“以用促禁，以禁促用”的相互作用关系的基础上，进一步确立了“疏堵结合，以疏为主；以用促禁，以禁促用”的秸秆禁烧和综合利用总体指导方针，由此使“以用促禁”的作用得以充分发挥，并凸显了秸秆禁烧对秸秆综合利用的倒逼作用。

随着实践的发展，尤其是“疏堵结合，以疏为主；以用促禁，以禁促用”的秸秆禁烧和综合利用总体指导方针的确立，国家各部门以秸秆综合利用和/或禁烧为题发布的系列行政规范性文件，逐步平衡了秸秆综合利用与秸秆禁烧之间的行政指导要求，使秸秆综合利用的多功能性日益受到重视，逐步成为治理大气污染、推进节能减排、建设生态文明、促进农业可持续发展的重要抓手。

一、“疏堵结合，以疏为主”秸秆禁烧和综合利用行政指导方针的提出

（一）1998 年农业部等五部门最早提出了“禁”与“疏”相结合的秸秆禁烧和综合利用行政措施

1998 年农业部、财政部、交通部、国家环境保护总局和中国民航总局联合发布的《关于严禁焚烧秸秆保护生态环境的通知》（农环能〔1998〕1 号）明确指出：解决秸秆焚烧问题……必须采取“禁”与“疏”相结合的措施。

这里的“禁”就是秸秆禁烧，“疏”就是秸秆综合利用，“‘禁’与‘疏’相结合”就是秸秆禁烧与秸秆综合利用相结合。但无论是“禁”还是“疏”，正如农环能〔1998〕1 号文所述，都是为了“解决秸秆焚烧问题”。

农环能〔1998〕1 号文所述“‘禁’与‘疏’相结合”，与“疏堵结合”只是字面上的不同，含义毫无二致。但该行政规范性文件还没有提出“以疏为主”的要求。

（二）2000年国家环境保护总局、农业部等部门领导在全国秸秆禁烧和综合利用工作会议上的讲话中，明确提出了“疏堵并举”和“秸秆禁烧和综合利用相互推动”以及“‘疏’、‘堵’结合，以‘疏’为主”的秸秆禁烧和综合利用行政指导要求

2000年6月，为了推动《大气污染防治法》（2000年4月29日第九届全国人民代表大会常务委员会第十五次会议第一次修订）和《秸秆禁烧和综合利用管理办法》（环发〔1999〕98号）的贯彻实施，努力使秸秆禁烧和综合利用工作迈上新台阶，国家环境保护总局、农业部、科学技术部和共青团中央等四部门联合召开了全国秸秆禁烧和综合利用工作会议。会后，四部门以《关于印发全国秸秆禁烧和综合利用工作会议领导讲话的通知》（环发〔2000〕136号）的形式，转发了国家环境保护总局局长解振华、农业部副部长张宝文、科学技术部农村与社会发展司副司长申茂向、共青团中央书记处书记崔波等同志在此次会议上的讲话。

其中，解振华在《认清形势，总结经验，严格执法，努力开创秸秆禁烧和综合利用工作的新局面》的讲话中明确提出：疏堵并举，加大投入，依靠科技进步，大力推动秸秆综合利用是解决秸秆污染问题的根本；秸秆禁烧和综合利用可相互推动，禁烧是“堵”，综合利用是“疏”。同时指出：实践证明，凡是秸秆问题解决较好的地区，都能将二者有机结合起来，疏堵并举，一手抓禁烧执法，一手抓综合利用。解振华强调：当前和今后一段时

期，我们的任务主要是，按照国务院副总理温家宝所提出的“要巩固成果，继续严格执行管理办法，特别要在秸秆综合利用上下功夫”的指示要求，认真贯彻《大气污染防治法》和《秸秆禁烧和综合利用管理办法》，抓紧落实禁烧任务，通力合作，努力开创秸秆禁烧和综合利用工作的新局面。

秸秆禁烧与综合利用相互推动的思想虽然在以往的国家行政规范性文件中有所体现，但对其最早的明确表达是在解振华的此次讲话中。同时，解振华讲话对我国广大农村地区秸秆出现大量剩余并直接导致其露天焚烧愈演愈烈的客观因素做出如下的归纳：一是农业机械化水平提高，耕牛被农机逐步取代，秸秆作为耕牛饲料的使用量减少；二是农村生活用能结构发生改变，煤炭、煤制气大量应用，农民生活用秸秆数量大幅度减少；三是化肥的大量使用，在一定程度上降低了秸秆沤肥还田率；四是农用建材工业的发展，使秸秆逐步退出其作为牲畜棚舍等建材使用领域；五是随着国家关停污染严重的小造纸厂，作为造纸工业原料的秸秆失去了原有的用途。

张宝文在《总结经验，齐抓共管，进一步做好秸秆禁烧和综合利用工作》的讲话中指出：目前，秸秆禁烧工作实行“疏堵结合，以疏为主”，并与当地的社会经济发展有机结合起来，充分调动了地方政府和农民开展秸秆综合利用的积极性，成效显著。张宝文这一归纳总结，是对我国“疏堵结合，以疏为主”的秸秆禁烧和综合利用指导方针的最早表述，但没有明示其为“方针”。

张宝文讲话还对我国秸秆禁烧和综合利用工作的严峻形势做出如下的归纳分析：首先，随着国民经济的迅速发展和人民生活水平的不断提高，传统的秸秆利用方式受到严峻的挑战。农民收入的提高，使相当部分农民具备了消费煤、油、电、气等清洁方便的商品能源的能力；现代生活意识的提高，使许多农民情愿花钱选用清洁方便的商品能源作为日常炊事和取暖能源，舍弃了传统的农作物秸秆。其次，随着化肥用量的逐年增加，“三夏”“三秋”季节，农时紧张，许多农民不再愿意费时费力利用农作物秸秆还田或制作农家肥，而直接使用化学肥料，秸秆用作肥料的用量越来越少。与此同时，我国农业连年丰收，农作物秸秆越来越多，而秸秆综合利用相对滞后，秸秆出现了相对剩余，进而导致日趋严重的秸秆焚烧问题。每到夏收、秋收时节大量剩余秸秆堆放在田间地头，最终被付之一炬，全国相当部分地区出现了村村点火、处处冒烟的现象。一些地区特别是经济和农业比较发达的大中城市郊区，田间地头随意焚烧农作物秸秆的现象十分普遍，不仅浪费了宝贵的生物质资源，而且烟雾弥漫，污染环境，由此引发的航班延误和高速公路关闭事件时有发生，给人民生活和经济建设带来不良影响，引起了社会各界的普遍关注。

（三）2003年国家环境保护总局明确将“‘疏’、‘堵’结合，以‘疏’为主”作为我国秸秆禁烧和综合利用的行政指导方针

2003年国家环境保护总局发布的《关于加强秸秆禁烧和综合利用工作的通知》（环发〔2003〕78号）提出：各地有关部门要在当地政府的统一领导下，继续坚持“疏堵结合，以疏为主”的方针，明确职责，密切协作，齐抓共管。其中，环境保护部门要继续履行执法监督职责，做好监督检查工作，依法查处违法

行为；农业部门要把秸秆综合利用作为一项重点工作来抓，努力扩大综合利用规模，尽快解决剩余秸秆出路问题；交通、铁道、民航部门要积极配合，参与禁烧执法监督检查和宣传教育工作。

无论是将“疏堵结合，以疏为主”作为秸秆禁烧和综合利用行政指导要求，还是将其作为秸秆禁烧和综合利用行政指导方针，其中的“以疏为主”都是指将秸秆综合利用作为推进秸秆禁烧的主要措施。因此说，在国家各部门早期发布的行政规范性文件中，有关秸秆综合利用的行政指导政策主要是顺应秸秆禁烧的要求而制定的。

二、“疏堵结合，以疏为主”秸秆禁烧和综合利用行政指导方针的进一步巩固

由表2-1可见，在2005年、2007年和2011年国家各部门发布的行政规范性文件中，始终坚持了“疏堵结合，以疏为主”的秸秆禁烧和综合利用指导方针，并要求各级人民政府尤其是环保、农业等部门按照此方针，建立秸秆禁烧和综合利用工作目标管理责任制，把责任具体落实到市、县和乡镇人民政府，加强监督管理，强化责任追究。

在2008年环境保护部发布的《关于进一步加强秸秆禁烧工作的通知》（环发〔2008〕22号）中，虽然没有强调“以疏为主”，但对“疏堵结合”做了进一步的阐释，即“既抓秸秆综合利用，又抓秸秆禁烧”。

表 2-1　国家各部门对“疏堵结合，以疏为主”的秸秆禁烧和综合利用指导方针的具体规定（2005—2011 年）

行政规范性文件	具体规定
国家环境保护总局、农业部、财政部、铁道部、交通部和中国民航总局《关于进一步做好秸秆禁烧和综合利用工作的通知》（环发〔2005〕52 号）	各级政府要依法对本辖区的环境质量负责，坚持“疏堵结合，以疏为主”的方针，建立秸秆禁烧和综合利用工作目标管理责任制，把责任具体落实到市、县和乡镇人民政府，加强监督管理，强化责任追究
农业部办公厅《关于进一步加强秸秆综合利用禁止秸秆焚烧的紧急通知》（农办机〔2007〕20 号）	农作物秸秆综合利用和禁烧工作涉及面广、难度大，各级农业、农机部门要在当地政府的领导下，继续坚持“疏堵结合，以疏为主”的方针，明确职责，密切协作，齐抓共管
国家环境保护总局办公厅《关于进一步加强秸秆禁烧工作的紧急通知》（环办〔2007〕68 号）	各级环境保护部门要督促当地政府依法对本辖区的环境质量负责，坚持“疏堵结合，以疏为主”的方针，建立秸秆禁烧和综合利用工作目标管理责任制，把责任具体落实到市、县和乡镇人民政府，加强监督管理，强化责任追究
环境保护部《关于进一步加强秸秆禁烧工作的通知》（环发〔2008〕22 号）	各级环保、农业等部门要在各级人民政府的统一领导下，认真履行职责，按照“疏堵”结合，既抓秸秆综合利用，又抓秸秆禁烧的原则，密切配合、协同作业，做好秸秆禁烧的监督管理工作
国家发展和改革委员会、农业部《关于印发编制秸秆综合利用规划的指导意见的通知》（发改环资〔2009〕378 号）	疏堵结合，以疏为主。加大对秸秆焚烧监管力度，在研究制定鼓励政策，充分调动农民和企业积极性的同时，对现有的秸秆综合利用单项技术进行归纳、梳理，尽可能物化和简化，坚持秸秆还田利用与产业化开发相结合，鼓励企业进行规模化和产业化生产，引导农民自行开展秸秆综合利用
环境保护部办公厅《关于做好 2011 年秸秆禁烧工作的紧急通知》（环办〔2011〕78 号）	各地要结合本地区实际，尽快部署夏秋两季秸秆禁烧工作，制定秸秆禁烧专项工作方案，坚持“疏堵结合，以疏为主”的方针，建立秸秆禁烧工作目标管理责任制，将责任具体落实到市、县和乡镇人民政府，充分发挥村民组织的作用，严防死守，并严格奖惩措施，加强监督管理，强化责任追究

为贯彻落实国务院办公厅《关于加快推进农作物秸秆综合利用的意见》（国办发〔2008〕105 号）文件精神，2009 年国家发展和改革委员会、农业部联合制定并以发改环资〔2009〕378 号文形式印发的《关于编制秸秆综合利用规划的指导意见》，将“疏堵结合，以疏为主”作为编制秸秆综合利用规划的四项基本原则之首，同时将“秸秆资源得到综合利用，解决秸秆废弃和焚烧带来的资源浪费和环境污染问题”作为规划总体目标，以及“2010 年在东部发达地区、中心城市周边、机场和高速公路沿线地区基本实现禁烧”作为规划阶段目标之一。由此说明，直到此时期我国有关秸秆综合利用的行政指导政策，仍主要是顺应秸秆禁烧的要求而制定的。正如《关于编制秸秆综合利用规划的指导意见》在规划指导思想中所要求的那样，要“以技术创新为动力，以制度创新为保障，通过秸秆多途径、多层次的合理利用，逐步形成秸秆综合利用的长效机制，有效解决秸秆焚烧问题”。

三、由“疏堵结合，以疏为主”到“疏堵结合，以疏为主；以用促禁，以禁促用”

（一）2003 年农业部明确提出了“‘疏’、‘堵’结合，以‘疏’为主，以‘堵’促‘疏’”的秸秆禁烧和综合利用指导方针

2003 年农业部《关于进一步加强农作物秸秆综合利用工作的通知》（农机发〔2003〕4 号）是国家各部门较早发布的以秸

秆综合利用为专题内容的行政规范性文件。

农机发〔2003〕4号文明确指出：近期，秸秆综合利用工作的总体思路是以解决秸秆焚烧对城市居民生活、民航飞行和公路干线交通造成的危害为首要目标，狠抓重点区域、主要作物、关键农时，疏堵结合，齐抓共管，综合利用。并进而提出：各级农业部门要继续坚持“疏堵结合，以疏为主，以堵促疏”的方针，采取有效措施，抓好各项综合利用技术的落实，促进禁烧工作的顺利开展。

农机发〔2003〕4号文提出的“以堵促疏”，与“以禁促用”也只是字面上的不同，含义毫无二致，由此使“疏堵结合，以疏为主；以用促禁，以禁促用”秸秆禁烧和综合利用总体指导方针的形成有了一个良好的开端。但该时期的秸秆综合利用（“疏”）仍主要服务于秸秆禁烧（“堵”）的行政指导要求。

（二）2013年国家发展和改革委员会等三部门明确提出了“以用促禁”的秸秆禁烧和综合利用要求

2013年国家发展和改革委员会、农业部、环境保护部联合发布的《关于加强农作物秸秆综合利用和禁烧工作的通知》（发改环资〔2013〕930号）指出：各地要按照本地区秸秆综合利用规划的目标要求，切实转变工作思路，下大力气加大对秸秆收集和综合利用的扶持力度，抓好秸秆禁烧工作，采取“疏堵结合”“以用促禁”的方式，加快构建政府主导、企业主体、农民参与的秸秆综合利用工作格局。

“以疏为主”的总体含义是指以秸秆综合利用为主要措施促

进秸秆焚烧问题的有效解决，其自身就有“以用促禁”（减轻秸秆禁烧压力）的内涵。但是，将“以疏为主”的这一内在含义进行直接表达，明确提出“以用促禁”的要求，对明晰“疏”与“堵”即“用”与“禁”的相互促进关系，加快推进秸秆禁烧和综合利用工作，仍有着重要的现实意义。

在“疏堵结合，以疏为主”的基础上，从2003年农业部提出“以堵促疏”，到2013年国家发展和改革委员会等三部门提出“以用促禁”，经历了10年的实践探索，至此，我国“疏堵结合，以疏为主；以用促禁，以禁促用”的秸秆禁烧和综合利用总体指导方针初步得到完整的表达。

（三）2016年农业部和财政部联合发布的秸秆综合利用试点工作通知明确提出将秸秆禁烧作为“倒逼秸秆综合利用的有效手段”

为了贯彻落实中央1号文件精神和中央关于加强生态文明建设的战略部署，中央财政继续支持耕地保护和质量提升工作，并选择部分地区重点开展农作物秸秆综合利用试点，推动地方进一步做好秸秆禁烧和综合利用工作，保护和提升耕地质量，实现“藏粮于地、藏粮于技”，2016年农业部办公厅和财政部办公厅联合发布了《关于开展农作物秸秆综合利用试点　促进耕地质量提升工作的通知》（农办财〔2016〕39号）。试点工作实施区域共计10个省、自治区，分别是河北、山西、内蒙古、辽宁、吉林、黑龙江、江苏、安徽、山东、河南；试点方式为整县推进，即在上述10省、自治区中，各自选择一定数量的县，全面开展秸秆综合利用试点工作，实现秸秆综合利用率的整体提升。

农办财〔2016〕39号文明确提出："秸秆禁烧是倒逼秸秆综合利用的有效手段。"这是自2003年农业部明确提出"疏堵结合，以疏为主，以堵促疏"的秸秆禁烧和综合利用指导方针后，在国家各部门以秸秆综合利用和/或禁烧为题发布的行政规范性文件中，再次强调秸秆禁烧对秸秆综合利用的促进作用，同时也揭示了"以禁促用"的真正内涵即"秸秆禁烧倒逼秸秆综合利用"。

实践表明，在全国各地秸秆禁烧和综合利用的工作过程中，秸秆禁烧对倒逼秸秆综合利用发挥了重大的作用。将"以禁促用"明确为我国秸秆禁烧和综合利用的指导方针，必将进一步有力地推动该项工作的顺利开展。

四、秸秆综合利用与秸秆禁烧行政指导要求的平衡发展和秸秆综合利用多功能性的充分发挥

随着实践的发展，尤其是"疏堵结合，以疏为主；以用促禁，以禁促用"的秸秆禁烧和综合利用总体指导方针的逐步确立，国家各部门对秸秆禁烧与综合利用的行政指导要求得以平衡发展，使秸秆综合利用的多功能性日益受到重视，并得以充分发挥。

（一）2007年国家环境保护总局明确提出秸秆综合利用与乡村生态环境建设和循环经济发展相结合的要求

2007年以前，在国家各部门以秸秆综合利用和/或禁烧为题

发布的行政规范性文件中，按照“疏堵结合，以疏为主”的指导方针，始终强调了秸秆综合利用在消除秸秆焚烧及其不利影响等方面的作用，较少提及秸秆综合利用的资源经济效用及其在乡村环境整治、面源污染治理等方面的生态环境效用。

2007 年国家环境保护总局办公厅发布的《关于进一步加强秸秆禁烧工作的紧急通知》（环办〔2007〕68 号），在强调坚持“疏堵结合，以疏为主”的秸秆禁烧和综合利用指导方针的基础上明确提出：各级环境保护部门要配合相关部门开展秸秆综合利用工作，将秸秆综合利用与生态省（市、县）、环境优美乡镇、生态村创建、开展循环经济结合起来。

环办〔2007〕68 号文的这一行政指导要求，使秸秆综合利用在发挥“以用促禁”作用的同时，向其多功能性的发挥迈出了可喜的一步。

（二）国办发〔2008〕105 号文对加快推进农作物秸秆综合利用提出了系统全面的行政指导要求

为加快推进秸秆综合利用，促进资源节约、环境保护和农民增收，2008 年国务院办公厅专门发布了《关于加快推进农作物秸秆综合利用的意见》（国办发〔2008〕105 号），明确了加快推进秸秆综合利用工作的指导思想、基本原则和主要目标，并从大力推进产业化、加强技术研发和推广应用、加大政策扶持力度、加强组织领导等四个方面提出了加快推进秸秆综合利用的总体要求。

国办发〔2008〕105 号文提出了主要目标：秸秆资源得到综

合利用，解决由于秸秆废弃和违规焚烧带来的资源浪费和环境污染问题。力争到2015年，基本建立秸秆收集体系，基本形成布局合理、多元利用的秸秆综合利用产业化格局，秸秆综合利用率超过80%。

在大力推进秸秆产业化方面，国办发〔2008〕105号文不仅提出了“合理确定秸秆用作肥料、饲料、食用菌基料、燃料和工业原料等不同用途的发展目标，统筹考虑综合利用项目和产业布局”和“加快建设秸秆收集体系”的总体要求，而且从建立和完善秸秆田间处理体系、大力推进种植（养殖）业综合利用秸秆、有序发展以秸秆为原料的生物质能、积极发展以秸秆为原料的加工业的角度提出了秸秆产业发展的具体要求。

国办发〔2008〕105号文从落实地方政府责任的角度明确提出：地方各级人民政府是推进秸秆综合利用和秸秆禁烧工作的责任主体，要把秸秆综合利用和禁烧作为推进节能减排、发展循环经济、促进农村生态文明建设的一项工作内容，统筹规划，完善秸秆禁烧的相关法规和管理办法，抓紧制定加快推进秸秆综合利用的具体政策，狠抓各项措施和规定的落实，努力实现秸秆综合利用和禁烧目标。

国办发〔2008〕105号文的发布，使秸秆多元化利用和多功能发挥受到社会各界的高度重视，为其后我国各级政府制定秸秆综合利用政策，全面推进秸秆综合利用工作，发挥了重大的作用，将秸秆综合利用推向了一个新局面，具有划时代的意义。直至目前，国办发〔2008〕105号文仍然是全国范围内指导秸秆综合利用的纲领性文件。

（三）2014 年国家发展和改革委员会等三部门印发的《京津冀及周边地区秸秆综合利用和禁烧工作方案（2014—2015 年）》对秸秆综合利用的多功能要求进行了较为全面的阐述

京津冀及周边地区包括北京、天津、河北、山西、内蒙古、山东六省、自治区、直辖市。为推进京津冀及周边地区秸秆综合利用和禁烧工作，促进京津冀大气污染防治，2014 年国家发展和改革委员会、农业部、财政部联合编制并以发改环资〔2014〕2231 号文的形式印发了《京津冀及周边地区秸秆综合利用和禁烧工作方案（2014—2015 年）》。

《京津冀及周边地区秸秆综合利用和禁烧工作方案（2014—2015 年）》指出：抓好秸秆综合利用和禁烧工作，是当前治理大气雾霾的有效措施，任务紧迫而艰巨；因地制宜、科学合理地推进秸秆综合利用和禁烧，有利于提高资源利用效率，延伸农业生态链条，变粗放经营为集约经营，改善农村生态环境，促进农业生态文明建设。同时提出：近年来，京津冀等地区出现较重雾霾天气，据气象部门分析，秸秆焚烧产生的有害气体及颗粒物成为雾霾天气的污染源之一，甚至还引发火灾，危及交通安全。相关研究报告显示，京津冀及周边地区每年因秸秆焚烧向大气中排放的颗粒物有数十万吨，区域内 PM2.5 日均浓度平均增加 60.6 毫克/米^3，最多增加 127 毫克/米^3，秸秆焚烧对大气污染的影响非常大。据此，《京津冀及周边地区秸秆综合利用和禁烧工作方案（2014—2015 年）》要求：京津冀及周边地区要将秸秆综合利用作为推进节能减排、发展循环经济、治理大气污染、促进生态文明建设的重要内容，纳入各地政府的工作重点，搞好统筹规划和组织协调，加强组织领导，做到分工明确、责任到人、重点突出，形成共同推进合力，确保实现秸秆综合利用目标。

《京津冀及周边地区秸秆综合利用和禁烧工作方案（2014—2015年）》所述秸秆综合利用在推进节能减排、发展循环经济、治理大气污染、促进生态文明建设方面的效用，再加上其在提高资源利用率、转变农业生产方式、促进农民增收和新型产业发展方面的效用，共同构成了秸秆综合利用的多功能性。

（四）2015年国家发展和改革委员会等四部门联合发布的《关于进一步加快推进农作物秸秆综合利用和禁烧工作的通知》进一步平衡了秸秆综合利用与秸秆禁烧的行政指导要求

2015年国家发展和改革委员会、财政部、农业部、环境保护部联合发布的《关于进一步加快推进农作物秸秆综合利用和禁烧工作的通知》（发改环资〔2015〕2651号）明确了“十三五”时期我国秸秆综合利用和禁烧工作的总体要求、主要目标、重点任务和措施，是新时期秸秆综合利用和禁烧的重要行政指导文件。

发改环资〔2015〕2651号文明确指出：要贯彻落实党的十八大提出的大力推进生态文明建设的战略部署，坚持节约资源和保护环境的基本国策，按照政府引导、市场运作、多元利用、疏堵结合、以疏为主的原则，完善秸秆收储运体系，进一步推进秸秆肥料化、饲料化、燃料化、基料化和原料化利用，加快推进秸秆综

合利用产业化，加大秸秆禁烧力度，进一步落实地方政府职责，不断提高禁烧监管水平，促进农民增收、环境改善和农业可持续发展。

发改环资〔2015〕2651号文的发布，在秸秆综合利用与秸秆禁烧“互为促进”的基础上，进一步平衡了对两者的行政指导要求。首先，该文将“政府引导、市场运作、多元利用、疏堵结合、以疏为主”作为秸秆综合利用和禁烧的指导原则，没有单独强调“疏堵结合，以疏为主”的指导方针。其次，该文提出的“进一步推进秸秆肥料化、饲料化、燃料化、基料化和原料化利用，加快推进秸秆综合利用产业化”的秸秆综合利用总体要求和“加大秸秆禁烧力度，进一步落实地方政府职责，不断提高禁烧监管水平”的秸秆禁烧总体要求，在具体执行过程中既可相互促进，又功能有别。

要想彻底解决秸秆焚烧问题虽然唯“用”是途，但不能唯“禁”而“用”。也就是说，秸秆综合利用既要强调其在秸秆禁烧中“以疏为主”“以用促禁”的作用，又要从促进农民增收、生态文明建设和农业可持续发展的根本要求出发，对其进行统筹安排，综合施策。

（五）2016年农业部和财政部联合发布的秸秆综合利用试点工作通知明确提出“以耕地质量提升为目标”的具体要求

2016年农业部办公厅和财政部办公厅联合发布的《关于开展农作物秸秆综合利用试点　促进耕地质量提升工作的通知》（农办财〔2016〕39号）提出了如下的试点工作目标：以绿色生态为导向，以秸秆综合利用和地力培肥为主要手段，以耕地质量提升为目标，因地制宜、综合施策，加快构建耕地质量保护与提升的长效机制。通过开展秸秆综合利用试点，秸秆直接还田和过腹还田水平大幅提升；耕地土壤有机质含量平均提高1%，耕地质量明显提升。

（六）2017年农业部印发的《东北地区秸秆处理行动方案》对秸秆综合利用的多功能性进一步做了较为系统的阐述

为贯彻党中央、国务院决策部署，落实新发展理念，加快推进农业供给侧结构性改革，增强农业可持续发展能力，提高农业发展质量效益和竞争力，农业部决定启动实施包括东北地区秸秆处理行动在内的农业绿色发展五大行动，并编制了《东北地区秸秆处理行动方案》，以农科教发〔2017〕9号文的形式印发。

《东北地区秸秆处理行动方案》首先从“促进生态环境保护”“促进农民节本增收”“促进耕地质量提升”三个方面论述了开展东北地区秸秆处理行动的重要意义，进而提出到2020年的三大行动目标：一是力争东北地区秸秆综合利用率达到80%以上，比2015年提高13.4个百分点，新增秸秆利用能力2 700多万吨，基本杜绝露天焚烧现象，农村环境得到有效改善；二是秸秆直接还田和过腹还田水平大幅提升，耕地质量有所提升；三是培育专业从事秸秆收储运的经营主体1 000个以上，年收储能力达到1 000万吨以上，新增年秸秆利用量10万吨以上的龙头企业50个以上，形成可持续、可复制、可推广的秸秆综合利用模式和机制。同时为实现各项目标提出了相应的重点任务和工作要求。

由此可见，秸秆综合利用在“以用促禁”和促进生态环境保护、产业发展、农民增收、耕地质量提升等方面的多功能性，在《东北地区秸秆处理行动方案》中都得以较充分的体现。

（七）2019 年农业农村部提出全面推进秸秆综合利用的工作要求

2019 年农业农村部办公厅印发的《关于全面做好秸秆综合利用工作的通知》（农办科〔2019〕20 号）从全面做好秸秆综合利用工作的角度提出如下三个层次的目标要求：一是完善利用制度，出台扶持政策，强化保障措施；二是通过制度完善和扶持政策出台等，激发秸秆还田、离田、加工利用等环节市场主体活力，建立健全政府、企业与农民三方共赢的利益链接机制；三是最终形成布局合理、多元利用的产业化发展格局，不断提高秸秆综合利用水平。

农办科〔2019〕20 号文再次强调“地方各级人民政府是秸秆综合利用的责任主体”。

五、结语

在国家各部门早期发布的行政规范性文件中，有关秸秆综合利用的行政指导政策主要是顺应秸秆禁烧的要求而制定的。从 1998 年提出“禁与疏相结合”，到 2000 年提出“疏堵结合，以疏为主”，2003 年提出“疏堵结合，以疏为主，以堵促疏”，2013 年提出“以用促禁”，再到 2016 年提出将秸秆禁烧作为

“倒逼秸秆综合利用的有效手段”，用了近 20 年的时间，我国“疏堵结合，以疏为主；以用促禁，以禁促用”的秸秆禁烧和综合利用总体指导方针得以基本确立，“以用促禁，以禁促用”的相互促进作用和具体指导规定得以系统的表达。

文件表明，国家各部门明确将市、县和乡镇人民政府等地方各级人民政府作为推进秸秆综合利用和秸秆禁烧工作的责任主体，并要求其根据“疏堵结合，以疏为主；以用促禁，以禁促用”指导要求，建立秸秆禁烧和综合利用工作目标管理责任制。

随着实践的发展，尤其是“疏堵结合，以疏为主；以用促禁，以禁促用”的秸秆禁烧和综合利用总体指导方针的确立，国家各部门以秸秆综合利用和/或禁烧为题发布的系列行政规范性文件，逐步平衡了秸秆综合利用与秸秆禁烧之间的行政指导要求，既强调了秸秆综合利用的“以用促禁”作用，又强调了秸秆禁烧对秸秆综合利用的倒逼作用。

国办发〔2008〕105 号文的发布，使秸秆多元化利用和多功能发挥受到社会的高度重视。近年来，为充分发挥综合利用的多功能性，在继续强调“以用促禁”的同时，又强调了秸秆综合利用在提高资源利用效率和培肥土壤、发展循环经济和新型产业、增加农民收入等方面的作用，使秸秆综合利用逐步成为治理大气污染、推进节能减排、建设生态文明、促进农业可持续发展的重要抓手。

目前，除东北地区外，我国其他主要农区的秸秆焚烧已经初步得到有效控制（毕于运、王亚静，2019）。随着秸秆禁烧压力的不断减轻，秸秆综合利用的多功能性将会在农业废弃物资源化利用、面源污染防治、耕地质量保护、种养一体化循环农业发展、生物质产业发展等方面得以更充分地体现和发挥。

第三章　农业优先与多元利用

从农作物秸秆禁烧角度出发，在贯彻执行“疏堵结合，以疏为主；以用促禁，以禁促用”的秸秆禁烧和综合利用总体指导方针的基础上，为了更有效地提高秸秆综合利用率，发挥其资源环境效益和经济效益，促进秸秆循环利用和农业可持续发展，近20年来国家各部门以秸秆综合利用和/或禁烧为题发布的系列行政规范性文件，又逐步提出并反复强调了“农业优先，多元利用”的秸秆综合利用指导原则，并在实践过程中得以巩固。同时，将构建“布局合理、多元利用的秸秆综合利用产业化格局”确立为我国秸秆综合利用的总体发展目标。

一、早期以秸秆还田和秸秆养畜为主的秸秆利用政策

（一）1997年以前有关秸秆养畜和秸秆还田的秸秆利用政策

我国秸秆焚烧始于20世纪80年代中期，到90年代中期已遍及全国各主要农区（毕于运 等，2008）。面对秸秆焚烧的严峻

形势，农业部于1997年首次发布了以秸秆禁烧和综合利用为题的国家行政规范性文件。在此之前，农业部发布的有关种养业、有机肥生产和土壤培肥、农业科技推广等方面的行政规范性文件中，时常涉及秸秆利用的内容，且主要集中于秸秆养畜和秸秆还田。例如：1989年农业部为促进农业先进技术在广大农村的普及应用，提出了向全国农村大力推广的10项科技成果，其首项即为秸秆青贮和氨化技术（北京科技报，1989）；1990年，农业部又提出了包括秸秆还田在内的有机肥发展六项措施（田野，1990）。

1991年11月，时任国务院总理李鹏在山东考察时指出："要大力发展饲养业，由秸秆直接还田到'过腹还田'，利用粮食、秸秆养猪、养牛，然后猪粪、牛粪还田，减少化肥施用量，既可以提高土壤肥力，又可以降低生产成本，使农业生产进入良性循环，做到既高产又高效。"

1992年国务院决定在全国农区重点省份实施秸秆养畜示范项目，并在当年安排了10个秸秆养牛示范县。从此，我国养牛业结束了几十年发展较为缓慢的局面，进入高速发展的新时期。1994年，李鹏总理在中央农村工作会议上讲话时再次强调："推广秸秆过腹还田，发展养牛业，可以增加优质动物蛋白，改善食物结构；可以增加农家肥，节约化肥，改良土壤，是农民致富的一条有着广阔前景的路子。"随后，国务院决定，仿照秸秆养牛示范项目的做法，在全国实施秸秆养羊、养水牛和养奶牛示范项目，并于1996年由国务院办公厅以国办发〔1996〕43号文的形式转发了农业部编制的《关于1996—2000年全国秸秆养畜过腹还田项目发展纲要》，明确提出将秸秆养畜过腹还田项目纳入国家农业综合开发计划，加快秸秆养畜示范基地建设，有效地提升我国的秸秆饲料化利用率和秸秆加工处理利用水平。至此，“秸秆畜牧业”开始形成，并成为国家的政策导向和广大农民的实践，在经济、生态以及社会效益方面取得了巨大的成绩（毕于运等，2010）。

1997年，国务委员陈俊生在山东考察时指出：“综合开发利用好现有的各类非粮食资源，大力发展秸秆养畜，是畜牧业持续发展的根本出路。”陈俊生指出：人均资源不足是我国的基本国情，但人们对畜产品的需要日益增长也是摆在我们面前的现实问题。我国每年约产6亿吨的秸秆，可是经过处理利用的秸秆，还不足总量的10%。陈俊生强调：国家今后把秸秆养畜工作当作一项战略性任务来抓……只有切实增加投入，加大工作力度，充分开发利用好现有的各种非粮食资源，建立合理的食物结构，才能使我国农业逐步走向良性循环。

（二）1997年农业部最早发布的秸秆禁烧和综合利用行政指导政策就提出了以秸秆还田和秸秆养畜为主的秸秆利用要求

1997年农业部发布的《关于严禁焚烧秸秆做好秸秆综合利用工作的紧急通知》是国家各部门最早发布的以秸秆综合利用和/或禁烧为专题内容的行政指导政策，并明确指出：各地农业主管部门在着手做好秸秆禁烧工作的同时，要做好秸秆综合利用工作，结合“沃土计划”和“秸秆养畜”示范活动，大力推广秸秆机械化还田、秸秆高温沤肥、秸秆氨化过腹还田等技术成果，提高秸秆的利用率。

二、由秸秆还田和秸秆养畜向秸秆能源化利用政策的拓展

在农业部于1997年最早发布秸秆禁烧和综合利用政策不久，国家各部门相继发布的以秸秆禁烧和/或综合利用为题的行政指导政策，就开始将秸秆综合利用的要求由秸秆还田和秸秆养畜向秸秆能源化利用拓展，从而使秸秆多元化利用迈出可喜的一步。

（一）1998年农业部等五部门提出秸秆还田、秸秆养畜和秸秆能源化利用的要求

1998年农业部、财政部、交通部、国家环境保护总局和中国民航总局联合发布的《关于严禁焚烧秸秆保护生态环境的通知》（农环能〔1998〕1号）指出：要有效地解决随意焚烧秸秆的问题，关键在于为剩余秸秆找出路，进一步搞好综合利用，从而减少污染，保护环境，实现农业资源的再增值；各级政府部门要通过典型示范，带动大面积推广适用的秸秆综合利用技术，要大力示范推广机械化秸秆还田，人工覆盖，秸秆高温沤肥，秸秆氨化过腹还田，秸秆炭化、固化、气化等多种形式的综合利用成果，结合“沃土计划”和“万亩丰产方”“秸秆养畜”及“秸秆高品位能源转换”等综合开发、试点示范项目的实施，尽快发挥投资少、见效快的秸秆实用新技术的推广效益。

（二）2003 年农业部明确提出“以秸秆还田为重点，全面推动农作物秸秆综合利用”的要求

2003 年时任国务院总理温家宝批示：“关键要给秸秆找个出路。农业部要予以重视，在总结经验的基础上继续研究治本的措施。”

2003 年农业部发布的《关于进一步加强农作物秸秆综合利用工作的通知》（农机发〔2003〕4 号）提出：为贯彻落实国务院领导指示精神，农业部决定以秸秆还田为重点，全面推动农作物秸秆综合利用，减少焚烧，并把其作为今年为农民办的实事之一。其中，从“因地制宜，积极推动各项关键综合利用技术的推广应用”的角度明确提出：平原地区和大中城市郊区机械化基础较好，要大力推广应用秸秆机械化粉碎还田、保护性耕作等直接还田技术，力争大面积消化处理剩余秸秆；丘陵与经济欠发达地区，要积极推进秸秆快速腐熟还田技术；草食动物比较集中地区，要大力发展秸秆青贮、氨化、揉丝等技术示范，发展秸秆养畜，实现过腹还田；经济较发达地区要充分利用秸秆资源开发利用生物质能源。

2003 年国家环境保护总局发布的《关于加强秸秆禁烧和综合利用工作的通知》（环发〔2003〕78 号）明确提出：要积极引导农民因地制宜地开展并推广秸秆机械化还田技术，秸秆青贮、氨化、堆沤、快速腐熟、加工、保护性耕作、能源转化利用等综合利用技术。

三、秸秆五种利用途径与秸秆综合利用总体发展目标——"布局合理、多元利用的秸秆综合利用产业化格局"的提出

(一)早在2000年申茂向在全国秸秆禁烧和综合利用工作会议上的讲话中就明确提出了秸秆的五种主要利用途径

2000年6月，国家环境保护总局、农业部、科学技术部和共青团中央等四部门联合召开了全国秸秆禁烧和综合利用工作会议。会后，四部门以《关于印发全国秸秆禁烧和综合利用工作会议领导讲话的通知》(环发〔2000〕136号)的形式，转发了国家环境保护总局局长解振华、农业部副部长张宝文、科学技术部农村与社会发展司副司长申茂向、共青团中央书记处书记崔波等同志在此次会议上的讲话。

申茂向在《加强技术创新，提高秸秆综合利用水平》的讲话中提出：目前有五种主要途径利用秸秆。一是作为农用肥料，包括粉碎还田、堆沤还田、过腹还田，以及利用生物技术发酵生产生物菌肥；二是作为农村新型能源，包括集中供气、发酵制取沼气、生产新型燃料；三是作为饲料，包括氨化和青贮处理喂养牲畜、发酵处理喂养水产品；四是作为工业原料，包括造纸、建材、降解膜和代塑一次性食品包装盒等；五是作为基料，生产各种食用菌。

秸秆“五料化”利用是秸秆多元化利用的系统表述。仅就国家各部门发布的相关行政规范性文件而言，申茂向的这一归纳总结是对我国秸秆五种主要利用途径的最早表述，虽然没有将其直接简称为“五料”利用或“五料化”利用，但却为我国秸秆“多元利用”指导原则的提出奠定了系统的分类基础。

在此次会议上，解振华和申茂向分别给出了我国秸秆综合利用的基本构成，但两者之间存在较大差异。解振华指出：我国每年农作物秸秆产生量为6.5亿吨，其中约50%用作肥料和饲料，30%用作燃料和工业原料，还有约20%的秸秆没有得到有效利用。申茂向指出：我国每年约生产6亿吨秸秆，仅有1.7亿吨用作饲料，1亿吨直接还田，还约有3亿吨被当作废弃物焚烧或扔掉。

（二）2007年农业部发布的秸秆综合利用和焚烧行政指导政策将秸秆多元化利用技术拓展到秸秆“五料化”利用的每个方面

2007年农业部办公厅发布的《关于进一步加强秸秆综合利用禁止秸秆焚烧的紧急通知》（农办机〔2007〕20号）指出：近几年，全国农业、农机系统积极探索秸秆利用途径，在全国范围内推广了“直接还田”“保护性耕作”“秸秆养畜”“压块制粒”“生物腐熟”“秸秆气化”“培育食用菌”“制造工业原料”等利用技术，推动了秸秆综合利用工作，有效减少了秸秆焚烧。各地要结合本地区实际，采取有效措施，选择推广适合本地区特点的秸秆综合利用技术，加快推进秸秆综合利用工作，有效遏制秸秆违规焚烧。

由此可见，农办机〔2007〕20号文所述及的秸秆利用途径虽然不够完善，但已涉及秸秆“五料化”（肥料化、饲料化、能源化、基料化、原料化）利用的各个方面。

（三）国办发〔2008〕105号文明确提出力争到2015年“基本形成布局合理、多元利用的秸秆综合利用产业化格局”和“合理确定秸秆用作肥料、饲料、食用菌基料、燃料和工业原料等不同用途的发展目标”要求

2008年国务院办公厅发布的《关于加快推进农作物秸秆综合利用的意见》（国办发〔2008〕105号），首先在秸秆综合利用的目标要求中明确提出：力争到2015年，基本建立秸秆收集体系，基本形成布局合理、多元利用的秸秆综合利用产业化格局，秸秆综合利用率超过80%。进而，在加强规划指导的要求中又提出：以省为单位编制秸秆综合利用中长期发展规划，根据资源分布情况，合理确定秸秆用作肥料、饲料、食用菌基料、燃料和工业原料等不同用途的发展目标，统筹考虑综合利用项目和产业布局。

为实现上述总体目标要求，国办发〔2008〕105号文还从“大力推进产业化”“加强技术研发和推广应用”“加大政策扶持力度”的角度对秸秆多元化利用提出了具体的要求。例如，在“大力推进产业化”中提出了有关秸秆多元化利用的如下具体要求：一是加快建设秸秆收集体系。建立以企业为龙头，农户参

与，县、乡（镇）人民政府监管，市场化推进的秸秆收集和物流体系。鼓励有条件的地方和企业建设必要的秸秆储存基地。二是鼓励发展农作物联合收获、粉碎还田、捡拾打捆、储存运输全程机械化，建立和完善秸秆田间处理体系。三是推进种植（养殖）业综合利用秸秆。大力推广秸秆快速腐熟还田、过腹还田和机械化直接还田。鼓励养殖场（户）和饲料企业利用秸秆生产优质饲料。四是积极发展以秸秆为基料的食用菌生产。五是有序发展以秸秆为原料的生物质能。结合乡村环境整治，积极利用秸秆生物气化（沼气）、热解气化、固化成型及炭化等发展生物质能，逐步改善农村能源结构。推进利用秸秆生产燃料乙醇，逐步实现产业化。合理安排利用秸秆发电项目。六是积极发展以秸秆为原料的加工业。鼓励采用清洁生产工艺，生产以秸秆为原料的非木纸浆。引导发展以秸秆为原料的人造板材、包装材料、餐具等产品生产，减少木材使用。积极发展秸秆饲料加工业和秸秆编织业。

国办发〔2008〕105 号文的发布，使“布局合理、多元利用的秸秆综合利用产业化格局”逐步确立为我国秸秆综合利用的总体发展目标。

四、“农业优先，多元利用”指导原则的提出与多元化利用格局的初步形成

（一）2009 年国家发展和改革委员会和农业部明确提出了优先考虑农业利用的要求

2009 年国家发展和改革委员会和农业部联合制定并以发改

环资〔2009〕378号文形式印发的《关于编制秸秆综合利用规划的指导意见》虽没有明确提出“农业优先，多元利用”的指导原则，但在“因地制宜，突出重点”的指导原则中提出了优先考虑农业利用的要求，同时提出合理引导秸秆多元利用。具体要求为：“在满足农业利用的基础上，合理引导秸秆成型燃烧、秸秆气化、工业利用等方式，逐步提高秸秆综合利用效益。”

（二）2011年国家发展和改革委员会等三部门联合编制印发的《“十二五”农作物秸秆综合利用实施方案》首次提出“农业优先，多元利用”的指导原则，并做出“我国秸秆多元化利用的格局已经形成”的判断

为落实国务院办公厅《关于加快推进农作物秸秆综合利用的意见》（国办发〔2008〕105号），加快推进秸秆综合利用，指导各地顺利实施秸秆综合利用规划，国家发展和改革委员会、农业部、财政部在各地报送“十二五”秸秆综合利用规划的基础上，联合制定并以发改环资〔2011〕2615号文的形式发布了《“十二五”农作物秸秆综合利用实施方案》。

在实践发展的基础上，《“十二五”农作物秸秆综合利用实施方案》首次提出“农业优先，多元利用”的秸秆综合利用行政指导原则，并将其作为秸秆综合利用实施方案编制的首项基本原则，具体表述为：“秸秆来源于农业生产，综合利用必须坚持与农业生产相结合。在满足农业和畜牧业需求的基础上，利用经济手段，统筹兼顾、合理引导秸秆能源化、工业化等综合利用，不

断拓展利用领域，提高利用效益。”

由之可见，“农业优先”主要是指优先满足农业和畜牧业对秸秆利用的需求，以实现秸秆综合利用与农业生产相结合；“多元利用”主要是指在满足农业和畜牧业需求的基础上，将秸秆综合利用拓展到能源化、工业化等利用领域，以提高利用效益。

《“十二五”农作物秸秆综合利用实施方案》还指出：我国秸秆多元化利用的格局已经形成。主要表现在：秸秆由过去仅用作农村生活能源和牲畜饲料，拓展到肥料、饲料、食用菌基料、工业原料和燃料等用途，由过去传统农业领域发展到现代工业、能源领域；秸秆能源化利用发生了质的变化，从农民低效燃烧发展到秸秆直燃发电、秸秆沼气、秸秆固化、秸秆干馏等高效利用；秸秆工业化利用发展迅速，秸秆人造板、秸秆木塑等高附加值产品实现了产业化生产，产品已经应用于北京奥林匹克公园、上海世博会等多项重大工程。同时提出：“十二五”期间，在十三个粮食主产区、棉秆等单一品种秸秆集中度高的地区、交通干道、机场、高速公路沿线等重点地区，要围绕秸秆肥料化、饲料化、基料化、原料化和燃料化等领域，实施秸秆综合利用试点示范，大力推广用量大、技术含量和附加值高的秸秆综合利用技术，实施一批重点工程。

《“十二五”农作物秸秆综合利用实施方案》针对“我国秸秆多元化利用的格局已经形成”的判断进一步论证到：2010 年全国秸秆理论资源量 8.4 亿吨，可收集资源量 6.84 亿吨，利用量 4.83 亿吨，秸秆综合利用率达到 70.6%。在已利用秸秆中：饲料化利用量 2.18 亿吨，占 45.13%；肥料化利用量 1.07 亿吨

（不包括1.56亿吨的根茬还田量），占22.15%；燃料化利用量（包括农户直接燃用和新型能源化利用量）1.22亿吨，占25.26%；原料化利用量0.18亿吨，占3.73%；基料化利用量0.18亿吨，占3.73%。

由上可见，2010年我国以肥料化、饲料化和基料化为主的秸秆农用量合计为3.43亿吨，占已利用秸秆总量的71.01%。据此而言，我国的秸秆多元化利用格局是以农用为主的多元化利用格局。

五、秸秆综合利用总体发展目标——“布局合理、多元利用的秸秆综合利用产业化格局”的进一步明确和强调

（一）2014年国家发展和改革委员会等三部门制定的《京津冀及周边地区秸秆综合利用和禁烧工作方案（2014—2015年）》明确将“初步形成布局合理、多元利用的秸秆综合利用产业化格局”作为秸秆综合利用的总体目标

2014年国家发展和改革委员会、农业部、财政部联合编制并以发改环资〔2014〕2231号文形式发布的《京津冀及周边地区秸秆综合利用和禁烧工作方案（2014—2015年）》首先对京津冀及周边地区秸秆综合利用现状做出如下的总体评价：随着秸秆资源化利用技术的不断完善和推广应用，秸秆用作肥料、饲料、

工业原料、燃料和食用菌基料的产业化利用得到较快发展。特别是一批以秸秆为工业原料生产代木产品、发电、秸秆成型燃料、秸秆沼气企业的兴起，推动了秸秆商品化和资源化，实现了变废为宝、化害为利和农民增收。2013 年，京津冀及周边地区秸秆综合利用率达到 81%。其中，北京、天津、河北、山西、内蒙古、山东等地区秸秆综合利用率分别为 85.6%、76.6%、83%、80%、76.5%和 81%。

《京津冀及周边地区秸秆综合利用和禁烧工作方案（2014—2015 年）》制定的总体目标为：到 2015 年，京津冀及周边地区秸秆综合利用率平均达到 88%以上，新增秸秆综合利用能力 2 000 万吨以上；基本建立农民和企业“双赢”、价格稳定的秸秆收储运体系，初步形成布局合理、多元利用的秸秆综合利用产业化格局。

进而，《京津冀及周边地区秸秆综合利用和禁烧工作方案（2014—2015 年）》从肥料化利用、饲料化利用、原料化利用、能源化利用、基料化利用、收储运体系、区域整体推进、科技支撑等八个方面，对秸秆多元利用重点工程进行了系统设计（详见第六章）。

（二）2016 年国家发展和改革委员会和农业部明确提出将“布局合理、多元利用、可持续运行的综合利用格局”作为 2020 年秸秆综合利用的基本目标

为指导各地做好“十三五”秸秆综合利用实施方案编制工作，国家发展和改革委员会和农业部联合制定并以发改办环资

〔2016〕2504号文的形式印发的《关于编制“十三五”秸秆综合利用实施方案的指导意见》提出了全国秸秆综合利用的实施目标：秸秆基本实现资源化利用、解决秸秆废弃和焚烧带来的资源浪费和环境污染问题。力争到2020年在全国建立较完善的秸秆还田、收集、储存、运输社会化服务体系，基本能形成布局合理、多元利用、可持续运行的综合利用格局，秸秆利用率达到85%以上。

进而，《关于编制“十三五”秸秆综合利用实施方案的指导意见》就省级秸秆综合利用实施方案编制的主要任务提出如下要求：在进一步摸清秸秆资源潜力和利用现状的基础上，合理确定适宜本地区的秸秆综合利用方式（肥料化、饲料化、燃料化、基料化和原料化等）、发展目标和产业布局，鼓励以秸秆为主、多元化利用产业的共生组合，并编制秸秆综合利用重点项目。

六、“农业优先，多元利用”指导原则的进一步巩固和发扬

（一）2015年国家发展和改革委员会等四部门联合发布的秸秆综合利用和禁烧行政规范性文件对“农业优先”和“多元利用”分别进行了表述

2015年国家发展和改革委员会、财政部、农业部、环境保护部联合发布的《关于进一步加快推进农作物秸秆综合利用和禁烧工作的通知》（发改环资〔2015〕2651号）首先提出了秸秆综

合利用和禁烧的总体要求，即按照政府引导、市场运作、多元利用、疏堵结合、以疏为主的原则，完善秸秆收储运体系，进一步推进秸秆肥料化、饲料化、燃料化、基料化和原料化利用，加快推进秸秆综合利用产业化，加大秸秆禁烧力度，进一步落实地方政府职责，不断提高禁烧监管水平，促进农民增收、环境改善和农业可持续发展。同时，还在国家已有行政规范性文件中，率先提出了我国“十三五”秸秆综合利用目标，即力争到2020年，全国秸秆综合利用率达到85%以上。

进而，在“提高秸秆农用水平”的具体要求中明确提出了“种养结合，农业优先”的指导原则。具体要求为：各地要按照“种养结合，农业优先”的原则，进一步加大秸秆还田力度，大力推广秸秆生物炭还田改土技术，积极开展秸秆—牲畜养殖—能源化利用—沼肥还田、秸秆—沼气—沼肥还田等循环利用，加大秸秆机械化粉碎还田、快速腐熟还田力度，鼓励畜禽养殖场（户）和小区、饲料企业利用秸秆生产优质饲料，引导秸秆基料食用菌规模化生产。同时开展农业循环经济试点示范，探索秸秆综合利用方式的合理搭配和有机耦合模式，推动区域秸秆全量利用。

继之，从“拓宽综合利用渠道”的角度对秸秆“多元利用”提出如下具体要求：各地要做好统筹规划，坚持市场化的发展方向，在政策、资金和技术上给予支持，通过建立利益导向机制，支持秸秆代木、纤维原料、清洁制浆、生物质能、商品有机肥等新技术的产业化发展，完善配套产业及下游产品开发，延伸秸秆综合利用产业链。同时在秸秆产生量大且难以利用的地区，应根据秸秆资源量和分布特点，科学规划秸秆热电联产以及循环流化床、水冷振动炉排等直燃发电厂，秸秆发电优先上网且不限发。

由上可见，发改环资〔2015〕2651号文述及的秸秆农用，除秸秆饲料化利用、基料化利用之外，主要强调的是秸秆还田，包括秸秆直接还田、过腹还田以及秸秆能源化利用后的生物炭还田、沼肥还田等秸秆循环利用方式，而对“多元利用”主要强调的是市场化、产业化的秸秆利用。

另外，针对秸秆收储运还提出“完善高效收集体系”和“建立专业化储运网络”两个方面的具体要求，这些都是秸秆多元化利用不可或缺的。

（二）2016年国家发展和改革委员会和农业部联合制定的《关于编制“十三五”秸秆综合利用实施方案的指导意见》继续坚持了“农业优先，多元利用”的行政指导原则

国家发展和改革委员会和农业部于2016年联合制定的《关于编制“十三五”秸秆综合利用实施方案的指导意见》再次将“农业优先，多元利用”作为秸秆综合利用实施方案编制的首项基本原则，并对其做出如下的具体表述：“坚持秸秆综合利用与农业生产相结合，在满足农业和畜牧业需求的基础上，抓好新技术、新装备、新工艺的示范推广，合理引导秸秆能源化、原料化等其他综合利用方式，推动秸秆向多元循环方向发展。”

与《“十二五”农作物秸秆综合利用实施方案》相比，《关于编制“十三五”秸秆综合利用实施方案的指导意见》对“农业优先，多元利用”原则的具体表述，更加强调了“新技术、新装

备、新工艺的示范推广”和“推动秸秆向多元循环方向发展”两个方面的要求。

（三）2016年农业部和财政部联合发布的秸秆综合利用试点工作通知将“农业优先，多元利用”的指导原则表述为“多元利用，农用优先”，并提出“农用为主”的具体要求

2016年农业部办公厅和财政部办公厅联合发布的《关于开展农作物秸秆综合利用试点 促进耕地质量提升工作的通知》（农办财〔2016〕39号）将“多元利用，农用优先”作为秸秆综合利用试点工作四项基本原则之一，对其做出如下的具体表述：“因地制宜，多元利用，突出肥料化、饲料化、能源化利用重点，科学确定秸秆综合利用的结构和方式。”

“农用优先”与“农业优先”无实质差别，基本可以通用。“农用”是利用方式，“农业”是产业门类即利用领域，“农用优先”与“农业优先”都是指优先满足农业利用。对于“农业优先，多元利用”与“多元利用，农用优先”的区别可以这样理解：前者是指在优先满足农业利用的基础上进一步推进秸秆多元化利用，后者是指在秸秆多元利用中优先考虑秸秆农用。

农办财〔2016〕39号文在“多元利用，农用优先”原则的指导下，还提出了“坚持农用为主推进秸秆综合利用”的要求，这在已有国家行政规范性文件中尚属首次。其对“农用为主”的具体表述为：各地要因地制宜制定秸秆还田规范，对秸秆综合利用亟须的农机装备应补尽补，促进种养结合，推动秸秆机械化还

田、生物腐熟还田、养畜过腹还田，进一步提高肥料化、饲料化综合利用率。

“农用优先”与“农用为主”具有很强的内在一致性。“农用优先”是指坚持秸秆利用与农业生产相结合，优先满足农业（包括种植业和养殖业）生产对秸秆的需求，通过秸秆直接还田和过腹还田等农用方式，实现种养结合循环利用，确保耕地质量稳步提升，促进农业可持续发展；“农用为主”是指将农业利用（肥料化、饲料化和基料化利用）作为秸秆消纳的主要途径，有效提高秸秆综合利用效率，同时实现种养结合循环利用，确保耕地质量不断提升，促进农业可持续发展。由此可见，“农用优先”与“农用为主”在实现种养结合循环利用等方面的作用是相同的，只是前者强调其为客观需求即农业实践需要，后者强调其为客观存在即实际利用结果。

（四）2017年农业部印发的《东北地区秸秆处理行动方案》又将“农业优先，多元利用”的指导原则表述为“农用优先，多元利用”

2017年农业部编制并以农科教发〔2017〕9号文形式印发的《东北地区秸秆处理行动方案》，基本承袭了《关于编制“十三五”秸秆综合利用实施方案的指导意见》的四项基本原则，只将原来的“农业优先，多元利用”改写为“农用优先，多元利用”，并对其具体内涵做出了大致相同的表述。《东北地区秸秆处理行动方案》对“农用优先，多元利用”原则的具体表述为：“坚持秸秆综合利用与农业生产相结合，在满足种植业和畜牧业需求的

基础上，抓好肥料化、饲料化、基料化等领域新技术、新装备、新工艺的示范推广，合理引导秸秆燃料化、原料化等其他综合利用方式，推动秸秆向多元循环的方向发展。”

按照“农用优先”的指导要求，《东北地区秸秆处理行动方案》提出要以粮食生产功能区为重点，将提高秸秆农用水平作为秸秆处理行动的首要任务：一要针对东北地区农业产业结构和自然气候条件特点，加大秸秆还田工作力度，大力推广玉米秸秆深翻还田技术、秸秆覆盖还田保护性耕作技术，提高还田质量；二要大力推广秸—饲—肥、秸—能—肥、秸—菌—肥等循环利用技术，推动以秸秆为纽带的循环农业发展，夯实粮食生产功能区发展基础。

（五）2017年农业部印发的《秸秆农用十大模式》将有效地推动我国秸秆农用水平的进一步提升

为有效促进农作物秸秆综合利用，农业部组织专家遴选出技术成熟、适用性较强、经济性较高的秸秆农用十大模式，并以《关于推介发布秸秆农用十大模式的通知》（农办科〔2017〕24号）的形式进行了公开发布。

秸秆农用十大模式分别为“东北高寒区玉米秸秆深翻养地模式”“西北干旱区棉秆深翻还田模式”“黄淮海地区麦秸覆盖玉米秸旋耕还田模式”“黄土高原区少免耕秸秆覆盖还田模式”“长江流域稻麦秸秆粉碎旋耕还田模式”“华南地区秸秆快腐还田模式”“秸—饲—肥种养结合模式”“秸—沼—肥能源生态模式”“秸—菌—肥基质利用模式”“秸—炭—肥还田改土模式”。其中，前六大模式为秸秆直接还田模式，后四大模式为秸秆离田产业化循环利用模式。

秸秆农用十大模式的推介发布是对“农用优先”指导精神的具体落实，经过宣传推广，引导模式进村、入户、到场、到田，将使秸秆“从田间来到田间去”的循环利用思想得以发扬光大，持续提升我国的秸秆农用水平。

（六）2019年农业农村部再次提出将“农用优先”作为全面推进秸秆综合利用工作的指导要求

2019年农业农村部办公厅印发的《关于全面做好秸秆综合利用工作的通知》（农办科〔2019〕20号）提出，在全面推进秸秆综合利用工作中要坚持“农用优先”，并将“推动形成布局合理、多元利用的产业化发展格局”作为秸秆综合利用的总体目标。具体表述为：“坚持因地制宜、农用优先、就地就近、政府引导、市场运作、科技支撑，以完善利用制度、出台扶持政策、强化保障措施为推进手段，激发秸秆还田、离田、加工利用等环节市场主体活力，建立健全政府、企业与农民三方共赢的利益链接机制，推动形成布局合理、多元利用的产业化发展格局，不断提高秸秆综合利用水平。”

七、结语

从国家各部门制定的系列行政指导政策来看，“农业优先，多元利用”的秸秆综合利用指导原则，其基本内涵可概括为：坚持秸秆综合利用与农业生产相结合，在满足农业和畜牧业需求的

基础上，统筹兼顾、合理引导秸秆能源化、工业化等综合利用；不断拓展秸秆利用领域，有效地提高秸秆综合利用率，持续推进秸秆种养结合循环利用水平和秸秆多元化、产业化、高值化利用水平，促进农民增收、环境改善和农业可持续发展。

秸秆主要有五个方面的用途：一是肥料化利用，二是饲料化利用，三是燃料化利用，四是工业原料化利用，五是基料化利用，简称“五料化”利用。秸秆“五料化”利用是秸秆多元化利用的系统表述，其中，秸秆肥料化、饲料化和基料化利用是秸秆农用的主要方式。

“五料化”并举，不断创新发展，拓宽秸秆利用渠道，丰富秸秆利用内容，优化秸秆利用构成，逐步成为我国秸秆多元化利用的基本要求。随着国办发〔2008〕105 号文的发布，“布局合理、多元利用的秸秆综合利用产业化格局”被确定为我国秸秆综合利用总体发展目标，并在此后历次的秸秆综合利用规划指导和实施方案制定中得以不断的明确和强调。

国家各部门早期制定的秸秆综合利用行政指导政策就将秸秆利用主要定位在农业利用上，提出了以秸秆还田和秸秆养畜为主的行政指导要求。随着秸秆“农业优先，多元利用”行政指导原则的提出、巩固和发扬，我国秸秆农用水平持续提升，秸秆综合利用构成不断优化，逐步形成了农用为主的多元化利用构成。

据国家环境保护总局、农业部、财政部、铁道部、交通部和中国民航总局联合发布的《关于进一步做好秸秆禁烧和综合利用工作的通知》(环发〔2005〕52 号)，2005 年全国秸秆综合利用率达 60%以上。据国家发展和改革委员会、农业部、财政部联合编制的《“十二五”农作物秸秆综合利用实施方案》，2010 年全国秸秆综合利用率达到70.6%。据国家发展和改革委员会和农业部共同组织完成的全国“十二五”秸秆综合利用情况终期评估结果，2015年全国秸秆综合利用率达到80.1%，其中秸秆肥料化、饲料化、基料化、能源化、原料化利用率分别为43.2%、18.8%、4.0%、11.4%、2.7%。由之可见：①在过往的10年中，全国秸秆综合利用率年均提升2个百分点左右；②到2015年，全国秸秆农用（肥料化、饲料化、基料化利用）量占秸秆可收集利用量的比重达到66.0%，秸秆农用量占秸秆已利用量的比重达到82%以上。

为了推进我国秸秆综合利用水平不断迈上新台阶，必须牢固树立和持续坚持“农业优先，多元利用”的秸秆综合利用指导原则，并将“布局合理、多元利用的秸秆综合利用产业化格局”长期作为我国秸秆综合利用的总体目标，力争到2025年和2030年全国秸秆综合利用率分别达到90%和95%，基本实现秸秆全量化利用。

第四章　科技支撑与试点示范

农作物秸秆过剩在一定程度上是由于现代农业生产方式和农民生活方式对传统农业生产方式和农民生活方式的不断替代的结果（毕于运，2008）。其主要表现在：一是商品能源替代传统生物质能源，农村秸秆燃用量减少；二是化肥替代农家肥，秸秆堆肥利用量减少；三是农机动力替代畜力，家家户户的役畜养殖利用秸秆量减少；四是现代建筑材料替代传统建筑材料，利用秸秆建造村舍的做法基本消失。根据马克思的“资源替代理论”，那些被替代的资源，要实现其再利用，必须以科技进步和新的物质要素投入为基础，为其开辟新的利用途径，否则将会被彻底淘汰，成为废弃物。

国家政府高度重视秸秆综合利用的科技支撑与示范带动作用。在国家各部门发布的秸秆综合利用系列行政规范性文件中，按照“科技支撑，试点示范”的行政指导原则，对秸秆综合利用科技支撑工程与试点示范工程做出了系统的安排，并对秸秆综合利用技术体系进行了一再推介。随着试点示范工作的不断深入，我国秸秆综合利用的科技水平和总体能力得以不断提升。

一、国家各部门早期行政指导政策对秸秆综合利用科技支撑与试点示范工作的要求

（一）早在1997年农业部就提出了大力推广秸秆还田技术的要求

面对秸秆焚烧的严峻形势，农业部于1997年首次发布了以秸秆禁烧和综合利用为题的国家行政规范性文件，即《关于严禁焚烧秸秆做好秸秆综合利用工作的紧急通知》，明确提出：各地农业主管部门在着手做好秸秆禁烧工作的同时，要做好秸秆综合利用工作，结合“沃土计划”和“秸秆养畜”示范活动，大力推广机械化秸秆还田、秸秆高温沤肥、秸秆氨化过腹还田等技术成果，提高秸秆的利用率。

（二）1998年农业部等五部门明确提出“典型示范，大力推广科技成果，积极推进秸秆综合利用”的行政指导要求

1998年农业部、财政部、交通部、国家环境保护总局和中国民航总局联合发布的《关于严禁焚烧秸秆保护生态环境的通知》（农环能〔1998〕1号）将“典型示范，大力推广科技成果，积极推进秸秆综合利用”作为总体要求之一，明确提出：各级政府部门要通过典型示范，带动大面积推广适用的秸秆综合利用技

术，要大力示范推广机械化秸秆还田，人工覆盖，秸秆高温沤肥，秸秆氨化过腹还田，秸秆炭化、固化、气化等多种形式的综合利用成果，结合“沃土计划”“万亩丰产方”“秸秆养畜”及“秸秆高品位能源转换”等综合开发、试点示范项目的实施，尽快发挥投资少、见效快的秸秆实用新技术的推广效益。

由之可见，在国家各部门较早发布的秸秆综合利用行政指导政策中就已明确提出，要以“沃土计划”“秸秆养畜”等项目为载体，将典型示范作为秸秆综合利用技术推广的主要手段。

（三）2000年张宝文在全国秸秆禁烧和综合利用工作会议上明确提出“科教先导，整体推进”的秸秆综合利用行政指导原则

2000年6月，国家环境保护总局、农业部、科学技术部和共青团中央等四部门联合召开了全国秸秆禁烧和综合利用工作会议。会后，四部门以《关于印发全国秸秆禁烧和综合利用工作会议领导讲话的通知》（环发〔2000〕136号）的形式，转发了国家环境保护总局局长解振华、农业部副部长张宝文、科学技术部农村与社会发展司副司长申茂向、共青团中央书记处书记崔波等同志在此次会议上的讲话。

张宝文在《总结经验，齐抓共管，进一步做好秸秆禁烧和综合利用工作》的讲话中，首先结合秸秆综合利用工作的推进，对技术推广工作做了有重点的介绍：一是结合重点地区的秸秆禁烧和综合利用工作开展技术推广。从1999年开始，农业部选择了经济比较发达、剩余秸秆较多、焚烧秸秆集中、社会影响较大的

北京、天津、石家庄、济南、西安、郑州、沈阳、成都、上海和南京10个大城市郊区和京津塘、京石、沪宁、济青高速公路沿线为秸秆禁烧和综合利用工作重点地区，重点推广秸秆机械化还田技术、秸秆快速腐熟技术，以及秸秆养畜过腹还田技术和秸秆气化集中供气技术等，给秸秆利用找出路。二是结合机械化秸秆还田工作进行技术推广。推广了小麦联合收获、机械深耕、精少量播种和玉米秸秆机械化还田等技术，秸秆还田能力进一步增强。三是大力推广农艺综合新技术，包括秸秆覆盖还田保护性耕作技术、秸秆快速腐熟还田技术、秸秆有机肥工厂化生产技术、秸秆食用菌种植技术等，为秸秆资源化利用开辟新途径。四是结合秸秆养畜大力推广秸秆氨化、青贮、微贮等技术，带动养殖业的快速发展，实现秸秆养畜过腹还田。五是大力推广秸秆气化技术，实现秸秆的高品位能源转换。

进而，张宝文提出：各地、各部门要提高认识，抓住重点，精心组织，按照“因地制宜，突出重点，科教先导，整体推进”的原则，合理开发利用秸秆资源，积极做好秸秆综合利用和禁烧工作，确保重点地区、关键部位不再发生焚烧秸秆现象。同时指出：各级农业部门要通过试点示范，示范推广机械化秸秆还田、人工覆盖、秸秆高温沤肥、秸秆氨化过腹还田、秸秆气化等综合利用技术，发挥投资少、见效快的秸秆实用新技术的推广效益；要依靠科技进步，加大对秸秆综合利用技术开发与示范的支持力度，在秸秆直接还田机械设备开发、秸秆青贮氨化技术示范、秸秆气化集中供气技术示范等方面要投入必要的资金和技术力量，使我国农作物秸秆综合利用技术水平上一个新台阶。

就国家各部门发布的系列行政规范性文件而言，“科教先导”

是对秸秆综合利用“科技支撑”行政指导原则的最早表述方式。

申茂向在《加强技术创新，提高秸秆综合利用水平》的讲话中，就秸秆综合利用科技支撑与试点示范提出如下三条意见：一要重视秸秆综合利用技术创新。欧美等发达国家十分重视秸秆的科研开发工作，把秸秆利用列为国家研究与发展（R&D）的重要项目之一。我国资源相对短缺，更应该重视秸秆利用的研究工作，力争解决秸秆饲料消化率低、秸秆还田机械适用性差、秸秆作为工业原料质量不稳定等关键性技术难题。同时，要重视技术引进和国际合作，借鉴先进的经验，少走弯路，尽快缩短我国与发达国家的差距。二要加强秸秆综合利用科技推广工作，尤其要加大先进、成熟、经济、实用技术的推广力度。三要促进秸秆利用技术走向产业化和规模化。通过建立秸秆产业化示范基地，选择秸秆处理的典型技术、工艺流程和生产设备进行示范，使各地方的企业家和农民见到秸秆综合处理的好处，把秸秆处理的非自觉的行为引导到自觉的行为轨道上来。

（四）2003 年和 2005 年国家各部门一再提出因地制宜地加强重点区域秸秆综合利用技术推广的要求

2003 年农业部发布的《关于进一步加强农作物秸秆综合利用工作的通知》（农机发〔2003〕4 号）在强调整合资源，建立各类秸秆综合利用技术示范区的同时，又明确指出要因地制宜，分区推动各项关键综合利用技术的应用。平原地区和大中城市郊区机械化基础较好，要大力推广应用秸秆机械化粉碎还田、保护性耕作等直接还田技术，力争大面积消化处理剩余秸秆；丘陵与经济欠发达地区，要发扬堆沤腐熟还田传统，推进快速腐熟技术的应用；在草食动物比较集中地区，要大力发展秸秆青贮、氨化、揉丝等技术示范，发展秸秆养畜，实现过腹还田，促进农业结构调整，增加农民收入；经济较发达地区要充分利用秸秆资源，开发利用生物质能源，变废为宝，并以此推动农村精神文明建设。

2003 年，国家环境保护总局发布的《关于加强秸秆禁烧和综合利用工作的通知》（环发〔2003〕78 号）提出：要进一步加大对秸秆综合利用的支持力度，积极研究、开发、推广秸秆综合利用技术。特别要重视秸秆剩余量较大、焚烧现象严重的大中城市郊区，高速公路、铁路沿线和机场周边地区的综合利用工作，积极引导农民因地制宜地采取秸秆机械化还田、青贮、氨化、堆沤、快速腐熟、加工、保护性耕作、能源转化利用等综合利用技术。

2005 年国家环境保护总局、农业部、财政部、铁道部、交通部和中国民航总局联合发布的《关于进一步做好秸秆禁烧和综合利用工作的通知》（环发〔2005〕52 号）指出：秸秆综合利用是解决秸秆出路问题的根本措施，应不断研究、开发、推广秸秆综合利用技术，因地制宜地引导农民推广应用各项秸秆综合利用技术。

二、国家系列行政规范性文件对科技支撑与试点示范等秸秆综合利用行政指导原则的各自表述及其对科技支撑与试点示范工程的具体要求

自 2000 年张宝文提出“科教先导，整体推进”的秸秆综合

利用行政指导原则后，国家各部门发布的系列行政规范性文件又对秸秆综合利用科技支撑与试点示范的行政指导原则做出了各自表述，包括“科技支撑，试点示范”“依靠科技，强化支撑”“科技推动，强化支撑”“科技推动，试点先行”等。同时，对科技支撑工程和试点示范工程提出了具体要求。

（一）国办发〔2008〕105号文明确提出“科技支撑，试点示范”的秸秆综合利用指导原则以及科技支撑与试点示范的四点要求

2008年国务院办公厅发布的《关于加快推进农作物秸秆综合利用的意见》（国办发〔2008〕105号）将“科技支撑，试点示范”作为秸秆综合利用的四项基本原则之一，对其做出如下具体表述：“充分发挥科技支撑作用，着力解决秸秆综合利用中的共性和实用技术难题，努力提高秸秆综合利用的技术、装备和工艺水平，并积极开展试点示范。”

按照“科技支撑，试点示范”的原则，国办发〔2008〕105号文对秸秆综合利用科技研发、技术推广、试点示范提出如下四个方面的具体要求：一是加强技术与设备研发。进一步整合科研资源，推进建立科技创新机制，引进和消化吸收国外先进技术，力争在农作物收割和秸秆还田、秸秆收集储运、秸秆饲料加工、秸秆转化为生物质能等方面取得突破性进展，形成经济、实用的集成技术体系，配套研制操作方便、性能可靠、使用安全的系列机械设备。二是开展技能培训和技术推广。加大秸秆综合利用技术培训和推广力度，提高技术的入户率。充分发挥现有农村基层

组织和服务组织的作用，从推广成熟实用技术入手，重视技术交流、信息传播和知识普及，提高农民综合利用秸秆的技能，使秸秆综合利用真正成为农业增产增效和农民增收致富的有效途径。三是实施技术示范和产业化项目。根据秸秆综合利用的不同用途，建立秸秆综合利用科技示范基地。通过组织秸秆还田、食用菌栽培等大面积利用示范和秸秆气化、手工编织示范以及秸秆人造板、秸秆发电等资源化利用产业示范，加快适用技术的转化应用。在秸秆禁烧的重点地区，优先安排秸秆综合利用项目。四是加大资金投入，对秸秆发电、秸秆气化、秸秆燃料乙醇制备技术以及秸秆收集储运等关键技术和设备研发给予适当补助，对秸秆还田、秸秆气化技术应用给予适当资金支持。

（二）2009 年国家发展和改革委员会和农业部联合印发的《关于编制秸秆综合利用规划的指导意见》明确提出“依靠科技，强化支撑”的指导原则

2009 年国家发展和改革委员会和农业部联合制定并以发改环资〔2009〕378 号文形式印发的《关于编制秸秆综合利用规划的指导意见》首先肯定了秸秆综合利用技术推广的重要贡献，并将“依靠科技，强化支撑”作为秸秆综合利用规划编制的四项基本原则之一，做出如下具体表述：“加强技术集成配套，建立不同类型地区秸秆综合利用的技术模式，强化技术支撑；依靠科技入户、新型农民培训、科技特派员、星火 12396 等项目，强化技术培训和指导，推广简捷实用的秸秆综合利用技术，促进技术普及应用；大力开发操作简便、集约利用水平高的实用新技术。”

“依靠科技，强化支撑”的实质就是强化“科技支撑”。《关于编制秸秆综合利用规划的指导意见》提出：规划中“要体现加强秸秆转化利用技术的研发与集成，加快成果转化和推广等具体的科技支撑内容”。

（三）2011 年国家发展和改革委员会等三部门联合编制的《“十二五”农作物秸秆综合利用实施方案》明确提出“科技推动，强化支撑”的指导原则以及实施“产学研技术体系工程”的要求

2011 年国家发展和改革委员会、农业部、财政部联合编制并以发改环资〔2011〕2615 号文形式印发的《“十二五”农作物秸秆综合利用实施方案》明确提出“科技推动，强化支撑”的秸秆综合利用原则，具体表述为：“推进产学研相结合，整合资源，着力解决秸秆综合利用领域共性和关键性技术难题，提高技术、装备和工艺水平。构建服务支撑体系，强化培训指导，加快先进、成熟技术的推广普及。”

《“十二五”农作物秸秆综合利用实施方案》指出：通过自主创新、引进消化吸收，我国秸秆综合利用多项技术已取得一定突破，技术水平明显提高。具体表现在：秸秆沼气、秸秆固化、秸秆人造板、秸秆木塑等综合利用工艺技术以及秸秆联合收获、粉碎、捡拾打包等机械装备得到成功应用；秸秆直燃发电技术装备基本实现国产化；秸秆清洁制浆等多项技术的应用部分实现了造纸工业污水循环利用和达标排放；自主研发的秸秆人造板黏合剂已经实现甲醛零排放。同时提出：“十二五”期间要在一些重点

地区实施秸秆综合利用试点示范，大力推广用量大、技术含量和附加值高的秸秆综合利用技术的要求。

按照“科技推动，强化支撑”的指导原则，《“十二五”农作物秸秆综合利用实施方案》将“产学研技术体系工程”作为秸秆综合利用的六大工程之一，对其提出如下的具体要求：围绕秸秆综合利用中的关键技术瓶颈，遴选优势科研单位和龙头企业开展联合攻关，提升秸秆综合利用技术水平；组织力量开展技术研发、技术集成，加大机械设备开发力度，引进消化吸收适合中国国情的国外先进装备和技术；建立配套的技术标准体系，尽快形成与秸秆综合利用技术相衔接、与农业技术发展相适宜、与农业产业经营相结合、与农业装备相配套的技术体系；加快建立秸秆相关产品的行业标准、产品标准、质量检测标准体系，规范生产和应用。

由上可见，按照“科技推动，强化支撑”的指导原则，不断开展技术创新、引进消化吸收以及示范推广先进适用技术装备，已成为提升我国秸秆综合利用科技水平的根本途径。

（四）2014 年国家发展和改革委员会等三部门联合制定的《京津冀及周边地区秸秆综合利用和禁烧工作方案（2014—2015 年）》明确提出实施“秸秆综合利用科技支撑工程”的要求

2014 年国家发展和改革委员会、农业部、财政部联合制定并以发改环资〔2014〕2231 号文形式印发的《京津冀及周边地区秸秆综合利用和禁烧工作方案（2014—2015 年）》从多元化利用和产业化发展的角度出发，明确提出要重点实施的八大工程。

其中，对“秸秆综合利用科技支撑工程”的具体要求为：依托骨干企业、研究院所和大学等，开展创新平台建设，开展应用研究和系统集成，促进科技成果的产业化，引进消化吸收适合中国国情的国外先进装备和技术，推进先进生物质能综合利用产业化示范；加快建立秸秆综合利用相关产品的行业标准、产品标准、质量检测标准体系，规范生产和应用；举办秸秆综合利用技术培训班，分层次对基层农技人员、村镇干部进行技术培训。

从《“十二五”农作物秸秆综合利用实施方案》的“产学研技术体系工程”和《京津冀及周边地区秸秆综合利用和禁烧工作方案（2014—2015年）》的“秸秆综合利用科技支撑工程”来看，开展自主研发、引进消化吸收国外先进装备和技术、推进科技成果转化和产业化示范、制定技术标准以及行业、产品和质量标准体系、开展技术培训等，成为我国实施秸秆综合利用科技支撑工程的系列内容和总体要求。

（五）2015年国家发展和改革委员会等四部门提出“积极支持新技术和装备研发”的要求

2015年国家发展和改革委员会、财政部、农业部、环境保护部联合发布的《关于进一步加快推进农作物秸秆综合利用和禁烧工作的通知》（发改环资〔2015〕2651号）对“积极支持新技术和装备研发”提出如下具体要求：各地要切实加强对秸秆还田、饲料化、能源化、原料化领域新技术的创新，扶持引导基层农技部门、社会化服务体系推广应用先进适用的秸秆综合利用技术；鼓励秸秆综合利用企业、科研单位引进和开发先进实用的秸秆粉碎还田、捡拾打捆、固化成型、炭气油联产等新装备，推广秸秆就地就近实现资源转化的小型化、移动式装备，推进秸秆综合利用装备的产业化发展与应用。

（六）2016年国家发展和改革委员会和农业部联合制定的《关于编制“十三五”秸秆综合利用实施方案的指导意见》明确提出了“科技推动，试点先行”的指导原则以及“强化技术支撑”、实施“产学研技术体系工程”“秸秆产业化利用示范工程”的要求

2016年国家发展和改革委员会和农业部联合制定并以发改办环资〔2016〕2504号文形式印发的《关于编制“十三五”秸秆综合利用实施方案的指导意见》明确提出“科技推动，试点先行”的秸秆综合利用指导原则，具体表述为：“加强科技攻关，着力解决秸秆综合利用中的共性难题，提高秸秆综合利用技术、装备和工艺水平。选择重点区域，积极打造秸秆综合利用示范县，建设一批示范工程，扶持一批重点企业，加快推进秸秆高值化、产业化发展。”

与国办发〔2008〕105号文的“科技支撑，试点示范”原则相比，《关于编制“十三五”秸秆综合利用实施方案的指导意见》的“科技推动，试点先行”原则对试点示范工作提出了更为明确的要求。

按照“科技推动，试点先行”原则的要求，《关于编制“十三五”秸秆综合利用实施方案的指导意见》将“强化技术支撑”

作为编制实施方案的保障措施，明确要求各地要强化技术服务体系建设，选配知识结构好、业务能力强、熟悉情况的骨干人员，组建秸秆综合利用方案编制专家工作组，充分借鉴国内外先进经验，结合本地实际，制定科学合理的技术路线，确保实施方案建设内容能够落地生效。

同时，《关于编制“十三五”秸秆综合利用实施方案的指导意见》将“产学研技术体系工程”“秸秆产业化利用示范工程”作为秸秆综合利用的重点建设领域。其对“产学研技术体系工程”的具体要求为：围绕秸秆综合利用中的关键技术瓶颈，遴选优势科研单位和龙头企业开展联合攻关，提升秸秆综合利用技术水平；引进消化吸收适合中国国情的国外先进装备和技术，提升秸秆产业化水平和升值空间；尽快形成与秸秆综合利用技术相衔接、与农业技术发展相适宜、与农业产业经营相结合、与农业装备相配套的技术体系，规范生产和应用。

“秸秆产业化利用示范工程”包括：一是秸秆土壤改良示范工程。以提升耕地质量为发展目标，推广秸秆炭化还田改土、秸秆商品有机肥实施，重点支持建设连续式热解炭化炉、翻抛机、堆腐车间等设备设施，加大秸秆炭基肥和商品有机肥施用力度，推动化肥使用减量化，提升耕地地力。二是秸秆种养结合示范工程。在秸秆资源丰富和牛羊养殖量较大的粮食主产区，扶持秸秆青（黄）贮、压块颗料、蒸汽喷爆等饲料专业化生产示范建设，重点支持建设秸秆青贮氨化池、购置秸秆处理机械和饲料加工设备，增强秸秆饲用处理能力，保障畜牧养殖的饲料供给。三是秸秆清洁能源示范乡镇（园区）建设工程。在秸秆资源丰富和农村生活生产能源消费量较大的区域，大力推广秸秆燃料代煤、炭气油多联产、集中供气工程，配套秸秆预处理设备、固化成型设备、生物质节能炉具等相关设备，推动城乡节能减排和环境改善。四是秸秆工农复合型利用示范工程。以秸秆高值化、产业化利用为发展目标，推广秸秆代木、清洁制浆、秸秆生物基产品、秸秆块墙体日光温室、秸秆食用菌种植、作物育苗基质、园艺栽培基质等，实现秸秆高值利用。

（七）2017年农业部印发的《东北地区秸秆处理行动方案》沿用了《关于编制“十三五”秸秆综合利用实施方案的指导意见》的“科技推动，试点先行”指导原则，并明确了科技创新和技术推广的五条要求

2017年由农业部编制并以农科教发〔2017〕9号文形式印发的《东北地区秸秆处理行动方案》直接沿用了《关于编制“十三五”秸秆综合利用实施方案的指导意见》的“科技推动，试点先行”指导原则，并做出与之基本相同的表述。进而按此原则要求，针对东北地区秸秆综合利用的科技创新和技术推广，明确了如下五个方面的重点工作：

一是搭建创新平台，开展协同技术创新和关键技术装备研发。依托东北区域玉米秸秆综合利用协同创新联盟，东北三省一区农科院及农垦科学院要搭建区域农业科技创新与交流平台；现代农业产业技术体系内增设的秸秆综合利用岗位科学家，要围绕秸秆肥料化、饲料化、燃料化、基料化等利用方式的技术瓶颈，积极争取国家重点研发项目，开展协同技术创新，加大科技攻关

力度。

研发关键技术装备。在肥料化方面，重点攻克与玉米—大豆、玉米连作种植制度相配套的秸秆覆盖还田和深翻还田技术，研发低温快速腐解微生物菌剂，研发200马力以上的深翻还田机械；在饲料化方面，筛选优良的秸秆降解与生物转化微生物菌株，研发秸秆饲料无害防腐剂调节剂；在燃料化方面，研发低排放、抗结渣的秸秆生物质燃烧设备，攻克秸秆热解气化焦油去除难题。

二是以科技创新为支撑，提高秸秆综合利用标准化水平。针对东北地区玉米秸秆还田、收储和利用方式的特点和瓶颈，发挥东北区域玉米秸秆综合利用协同创新联盟和现代农业产业技术体系的科技引领作用，围绕秸秆肥料化、饲料化、燃料化、基料化、原料化等利用领域，熟化一批新技术、新工艺和新装备，形成从农作物品种、种植、收获、秸秆还田、收储到“五料化”利用等全过程完整的技术规范和装备标准，提高秸秆综合利用的标准化水平。

三是实施一批试点，强化示范带动。依托中央财政秸秆综合利用试点补助资金，支持东北地区秸秆综合利用的重点领域和关键环节，鼓励以县（农场）为单元统筹相关资金，加大秸秆综合利用支持力度，2017年试点规模达到60个县，力争到2020年实现147个玉米主产县（农场）全覆盖。重点遴选20个秸秆综合利用试点县，加大支持力度，总结推广适合东北不同区域、不同作物的利用模式10套以上，打造具有区域代表性的秸秆综合利用示范样板，构建政策、工作、技术三大措施互相配套的长效机制。

四是推介典型模式，强化培训推广。推介秸秆农用十大模式。按照工作措施、技术措施、政策措施“三位一体”的要求，深入总结东北高寒区玉米秸秆深翻养地、秸—饲—肥种养结合、秸—沼—肥能源生态、秸—菌—肥基质利用等循环利用模式，向社会发布推介。

召开系列现场交流会。在东北三省一区按“五料化”利用途径，召开秸秆机械化还田、离田系列现场交流会，广泛宣传推广秸秆综合利用的好做法、好经验和好典型。

举办系列技术培训。结合新型职业农民培训工程、现代青年农场主培养计划、新型农业经营主体带头人培训计划等，部、省、县（市）分层次、分环节、分对象举办秸秆综合利用技术培训班，加强东北地区各级技术推广人员、新型农业经营主体的培训力度，培训规模达到10 000人次，不断提高专业化水平。

五是加强技术指导。省级农业主管部门要强化技术服务体系建设，统领本区域秸秆综合利用技术支撑工作，组建秸秆综合利用技术专家组；专家组要协助编制实施方案，做好业务知识培训，承担政策研究、技术咨询等任务，为东北地区秸秆处理行动提供全程科技服务。

三、国家各部门推介的秸秆综合利用技术体系

随着技术的不断进步，到2005年前后，国家各部门发布的行政规范性文件中所倡导的秸秆利用技术已经达到10多项，包括秸秆机械化还田技术、秸秆覆盖还田保护性耕作技术、秸秆快速腐熟技术、秸秆高温堆肥技术、秸秆有机肥工厂化生产技术、秸秆青贮技术、秸秆氨化技术、秸秆揉丝技术、秸秆种植食用菌技术、秸秆加工技术、秸秆能源转化利用技术等，秸秆综合利用

的技术体系初步形成。近10多年来，国家各部门又相继推介了多套秸秆综合利用技术，使我国秸秆综合利用技术体系日趋完善。

（一）2007年农业部办公厅归纳出秸秆综合利用的8项主要技术

2007年农业部办公厅发布的《关于进一步加强秸秆综合利用禁止秸秆焚烧的紧急通知》（农办机〔2007〕20号）指出：近几年，全国农业、农机系统积极探索秸秆利用途径，在全国范围内推广了“直接还田”“保护性耕作”“秸秆养畜”“压块制粒”“生物腐熟”“秸秆气化”“培育食用菌”和“制造工业原料”等利用技术，推动了秸秆综合利用工作，有效减少了秸秆焚烧。各地要结合本地区实际，采取有效措施，选择推广适合本地区特点的秸秆综合利用技术，加快推进秸秆综合利用工作，有效遏制秸秆违规焚烧。

（二）2009年国家发展和改革委员会和农业部联合印发的《关于编制秸秆综合利用规划的指导意见》以附件的形式推介了七个方面的秸秆综合利用技术

《关于编制秸秆综合利用规划的指导意见》按照“依靠科技，强化支撑”的原则要求，在其附件《秸秆综合利用重点技术》中推介了七个方面的秸秆综合利用技术，包括“秸秆收集处理体系”“秸秆肥料化利用技术”“秸秆饲料化利用技术”“秸秆能源化利用技术”“秸秆生物转化食用菌技术”“秸秆炭化、活化技术”“以秸秆为原料的加工业利用”。

该技术推介虽然在技术分类上存在层次不同（“秸秆能源化利用技术”与“秸秆炭化、活化技术”）以及对“秸秆收集处理体系”和“以秸秆为原料的加工业利用”的技术描述比较欠缺等方面的问题，但对我国秸秆综合利用技术体系的建立起到重要的推动作用。

（三）2014年国家发展和改革委员会和农业部联合编制印发的《秸秆综合利用技术目录（2014）》对秸秆综合利用技术进行了系统的整理和推介

在全国各地区、有关部门大力推进秸秆综合利用的过程中，随着自主创新、引进消化吸收，我国秸秆“五料化”利用技术快速发展，一批秸秆综合利用技术经过产业化示范日趋成熟，成为推进秸秆综合利用的重要支撑。为指导各地推广实用成熟的秸秆综合利用技术，推动秸秆综合利用产业化发展，国家发展和改革委员会会同农业部组织专家编制并以发改办环资〔2014〕2802号文的形式印发了《秸秆综合利用技术目录（2014）》（表4-1）。

《秸秆综合利用技术目录（2014）》以技术经济性评价分析为研究基础，通过广泛征求意见，从秸秆“五料化”利用的角度选取了19项秸秆用量大、技术含量和附加值高的秸秆利用技术，并对每项技术从“技术内涵与技术内容”“技术特征”“技术实施注意事项”“适宜秸秆”“可供参照的主要技术标准与规范”等五个方面进行了具体阐述，增强了秸秆综合利用技术在生产实践中的针对性和实用价值。

表 4-1　秸秆综合利用技术目录（2014）

技术类别	技术名称	技术内涵与技术内容	技术特征	技术实施注意事项	适宜秸秆	可供参照的主要技术标准与规范
一、秸秆肥料化利用技术	（一）秸秆直接还田技术	秸秆直接还田是我国粮食主产区秸秆肥料化利用的主要技术之一，包括秸秆翻压还田、秸秆混埋还田和秸秆覆盖还田。秸秆翻压还田技术是以犁耕作业为主要手段，将秸秆整株或粉碎后直接翻埋到土壤中。秸秆混埋还田技术以秸秆粉碎、破茬、旋耕、耙压等机械作业为主，将秸秆直接混埋在表层和浅层土壤中。秸秆覆盖还田是保护性耕作的重要技术手段，包括留茬免耕、秸秆粉碎覆盖还田和秸秆整株覆盖还田	秸秆直接还田具有处理秸秆量大、成本低、生产效率高等特点，是大面积实现以地养地、提升耕地质量、建立高产稳产农田的有效途径	秸秆直接还田要配套应用合理的施肥、灌溉技术，如增施氮肥调节碳氮比以保证粮食的稳产高产。常年开展秸秆混埋还田和秸秆覆盖还田要与耕地深松相结合，并定期深翻，将耕地表层积累的秸秆翻埋到耕层中，以提高秸秆还田培肥效果	适用于该技术的秸秆主要有玉米秸、麦秸、稻秆、油菜秆、棉花秆等	《保护性耕作机械　秸秆粉碎还田机》（GB/T 24675.6—2009）、《秸秆还田机作业质量》（NY/T 500—2002）、《秸秆还田机质量评价技术规范》（NY/T 1004—2006）、《稻生产机械化技术规范　第八部分：秸秆还田机械化》（DB34/T 244.8—2002）、《机械化秸秆粉碎还田技术规程》（DB13/T 1045—2009）、《稻麦两熟制麦秸秆还田机械化作业技术规范》（DB34/T 899—2009）、《秸秆粉碎还田机》（JB/T 6678—2001）、《秸秆粉碎还田机·锤爪》（JB/T 10813—2007）
	（二）秸秆腐熟还田技术	秸秆腐熟还田技术是在农作物收获后，及时将收下的作物秸秆均匀平铺农田，撒施腐熟菌剂，调节碳氮比，加快还田秸秆腐熟下沉，以利于下茬农作物的播种和定植，实现秸秆还田利用。秸秆腐熟还田技术主要有两大类：一类是水稻免耕抛秧时覆盖秸秆的快腐处理；另一类是小麦、油菜等作物免耕撒播时覆盖秸秆的快腐处理	该技术适用于降雨量较丰富、积温较高的地区，特别是种植制度为早稻—晚稻、小麦—水稻、油菜—水稻的农作地区	秸秆腐熟还田技术的关键是选择适宜的腐熟菌剂	适用于该技术的秸秆主要有稻秆、麦秸等	《有机物料腐熟剂》（NY 609—2002）、《农用微生物菌剂》（GB 20287—2006）

（续）

技术类别	技术名称	技术内涵与技术内容	技术特征	技术实施注意事项	适宜秸秆	可供参照的主要技术标准与规范
一、秸秆肥料化利用技术	（三）秸秆生物反应堆技术	秸秆生物反应堆技术是一项充分利用秸秆资源，显著改善农产品品质和提高农产品产量的现代农业生物工程技术，其原理是秸秆通过加入微生物菌种，在好氧的条件下，秸秆被分解为二氧化碳、有机质、矿物质等，并产生一定的热量。二氧化碳促进作物的光合作用，有机质和矿物质为作物提供养分，产生的热量有利于提高温度。秸秆生物反应堆技术按照利用方式可分为内置式和外置式两种，内置式主要是开沟将秸秆埋入土壤中，适用于大棚种植和露地种植；外置式主要是把反应堆建于地表，适用于大棚种植	秸秆生物反应堆技术可有效改善大棚生产的微生态环境，投资少，见效快，适合于农户分散经营	/	适用于该技术的秸秆主要有玉米秸、麦秸、稻秆、豆秸、蔬菜藤蔓等	《棚室秸秆生物反应堆内置式技术规程》（DB21/T 1895—2011）
	（四）秸秆堆沤还田技术	秸秆堆沤还田是秸秆无害化处理和肥料化利用的重要途径，将秸秆与人畜粪尿等有机物质经过堆沤腐熟，不仅产生大量可构成土壤肥力的重要活性物质——腐殖质，而且可产生多种可供农作物吸收利用的营养物质如有效态氮、磷、钾等	可用于生产高品质的商品有机肥	秸秆堆沤还田技术的关键是调节好碳氮比、含水率、温度、pH 值，控制好发酵条件，为微生物提供良好的生存环境	适用于该技术的秸秆主要有除重金属超标的农田秸秆外的所有秸秆	《有机肥料标准》（NY 525—2012）、《生物有机肥》（NY 884—2012）

（续）

技术类别	技术名称	技术内涵与技术内容	技术特征	技术实施注意事项	适宜秸秆	可供参照的主要技术标准与规范
二、秸秆饲料化利用技术	（五）秸秆青（黄）贮技术	秸秆青（黄）贮技术又称自然发酵法，把秸秆填入密闭的设施里（青贮窖、青贮塔或裹包等），经过微生物发酵作用，达到长期保存其青绿多汁营养成分的一种处理技术方法。秸秆青（黄）贮的原理是在适宜的条件下，通过给有益菌（乳酸菌等厌氧菌）提供有利的环境，使嗜氧性微生物如腐败菌等在存留氧气被耗尽后，活动减弱直至停止，从而达到抑制和杀死多种微生物、保存饲料的目的，其关键技术包括窖池建设、发酵条件控制等	青（黄）贮秸秆饲料具有营养损失较少、饲料转化率高、提高适口性、便于长期保存、去病减灾等优点	/	适于该技术的秸秆主要有玉米秸、高粱秆等	《青贮玉米品质分级》（GB/T 25882—2010）、《玉米青贮收获机 作业质量》（NY/T 2088—2011）、《青贮饲料调制和使用技术规范》（DB61/T 367.17—2005）、《玉米秸秆青贮技术规范》（DB62/T 1438—2006）、《青贮饲料技术规范》（DB34/T 650—2006）、《青贮玉米地面堆贮技术规程》（DB51/T 667—2007）、《袋式青贮饲料生产工艺规范》（DB23/T 1097—2007）、《牛羊青贮饲料制作技术规程》（DB51/T 1084—2010）
	（六）秸秆碱化/氨化技术	秸秆碱化/氨化技术是指借助于碱性物质，使秸秆饲料纤维内部的氢键结合变弱，酯键或醚键破坏，纤维素分子膨胀，溶解半纤维素和一部分木质素，反刍动物瘤胃液易于渗入，瘤胃微生物发挥作用，从而改善秸秆饲料适口性，提高秸秆饲料采食量和消化率。秸秆碱化处理应用的碱性物质主要是氧化钙；秸秆氨化处理应用的氨性物质主要是液氨、碳铵或尿素。目前，我国广泛采用的秸秆碱化/氨化方法主要有：堆垛法、窖池法、氨化炉法和氨化袋法	秸秆碱化/氨化技术是较为经济、简便而又实用的秸秆饲料化处理方式之一	/	适用于该技术的秸秆主要有麦秸、稻秆等	《秸秆化学处理机》（JB/T 7136—2007）、《秸秆氨化、碱化和盐化处理制作技术规程》（DB13/T 806—2006）、《氨化饲料调制技术规程》（DB64/T 495—2007）

（续）

技术类别	技术名称	技术内涵与技术内容	技术特征	技术实施注意事项	适宜秸秆	可供参照的主要技术标准与规范
二、秸秆饲料化利用技术	（七）秸秆压块饲料加工技术	秸秆压块饲料加工技术是指将秸秆经机械铡切或揉搓粉碎，配混以必要的其他营养物质，经过高温高压轧制而成的高密度块状饲料或颗粒饲料	秸秆压块饲料具有体积小、比重大，方便运输；不易变质，便于长期保存；适口性好，采食率高；饲喂方便，经济实惠等优点，被称为牛羊的“压缩饼干”或“方便面”，可作为商品饲料进行长距离运输，弥补饲草缺乏，特别是在应对草原地区冬季雪灾和夏季旱灾方面具有重要作用	秸秆压块饲料加工技术的关键是轧块机械，通过轧压产生高压高温，使秸秆物料熟化	适用于该技术的秸秆主要有玉米秸、麦秸、稻秆以及豆秸、薯类藤蔓、向日葵秆（盘）等	《畜牧机械　粗饲料压块机》（GB/T 26552—2011）、《颗粒饲料通用技术条件》（GB/T 16765—1997）、《带式横流颗粒饲料干燥机》（GB/T 25699—2010）、《秸秆颗粒饲料压制机质量评价技术规范》（NY/T 1930—2010）

（续）

技术类别	技术名称	技术内涵与技术内容	技术特征	技术实施注意事项	适宜秸秆	可供参照的主要技术标准与规范
二、秸秆饲料化利用技术	（八）秸秆揉搓丝化加工技术	秸秆揉搓丝化加工技术是通过对秸秆进行机械揉搓加工，使之成为柔软的丝状物，有利于反刍动物采食和消化的一种秸秆物理化处理手段	通过秸秆揉丝加工不仅分离了纤维素、半纤维素与木质素，而且较长的秸秆丝能够延长其在反刍动物瘤胃内的停留时间，有利于牲畜的消化吸收，从而达到提高秸秆采食量和消化率的双重功效。秸秆揉丝加工是一种简单、高效、低成本的加工方式。秸秆揉丝加工的效率约为秸秆粉碎的1.2～1.5倍，经揉丝机加工的秸秆既可直接喂饲，也可进一步加工制作高质量的粗饲料	秸秆揉丝技术的核心是秸秆揉搓机械	适用于该技术的秸秆主要有玉米秸、豆秸、向日葵秆等	《秸秆揉丝机》（NY/T 509—2002）、《秸秆饲料揉碎质量》（DB23/T 905—2005）

（续）

技术类别	技术名称	技术内涵与技术内容	技术特征	技术实施注意事项	适宜秸秆	可供参照的主要技术标准与规范
三、秸秆原料化利用技术	（九）秸秆人造板材生产技术	秸秆人造板材是秸秆经处理后，在热压条件下形成密实而有一定刚度的板芯，进而在板芯的两面覆以涂有树脂胶的特殊强韧纸板，再经热压而成的轻质板材。秸秆人造板材的生产过程可以分为三个工段：原料处理工段、成型工段和后处理工段。原料处理工段有输送机、开捆机、步进机等设备，主要是把农作物打松散，同时除去石子、泥沙及谷粒等杂质，使其成为干净合格的原料。成型工段有立式喂料器、冲头、挤压成型机和上胶装置等设备，是人造板材生产的关键工段。后处理工段有推出辊台、自动切割机、封边机、接板辊台及封口打字和切断等设备，主要完成封边和切割任务	秸秆人造板材可部分替代木质板材，用于家具制造和建筑装饰、装修，具有节材代木、保护林木资源的作用	/	适用于该技术的秸秆主要有稻秆、麦秸、玉米秸、棉秆等	《麦（稻）秸秆刨花板》（GB/T 21723—2008）、《浸渍纸层压秸秆复合地板》（GB/T 23471—2009）、《浸渍胶膜纸饰面秸秆板》（GB/T 23472—2009）、《建筑用秸秆植物板材》（GB/T 27796—2011）

（续）

技术类别	技术名称	技术内涵与技术内容	技术特征	技术实施注意事项	适宜秸秆	可供参照的主要技术标准与规范
三、秸秆原料化利用技术	（十）秸秆复合材料生产技术	秸秆复合材料生产技术是以秸秆为原料，添加竹、塑料等其他生物质或非生物质材料，利用特定的生产工艺，生产出可用于环保、木塑产品生产的高品质、高附加值功能性的复合材料。秸秆复合材料生产的工艺主要包括高品质秸秆纤维粉体加工、秸秆生物活化功能材料制备、秸秆改性碳基功能材料制备、超临界秸秆纤维塑性材料制备、秸秆/树脂强化型复合型材制备、秸秆纤维轻质复合型材制备、生物质秸秆塑料制备	秸秆复合材料生产可部分替代木材生产纤维粉体、生物活化功能材料、改性碳基功能材料、超临界纤维塑性材料、轻质复合型材等，具有节材代木、保护林木资源的作用	/	适用于该技术的秸秆包括大部分秸秆类别	《建筑模板用木塑复合板》（GB/T 29500—2013）、《木塑装饰板》（GB/T 24137—2009）、《木塑地板》（GB/T 24508—2009）、《挤压木塑复合板材》（LY/T 1613—2004）、《木塑复合材料技术条件》（DB44/T 349—2006）
	（十一）秸秆清洁制浆技术	秸秆清洁制浆技术主要是针对传统秸秆制浆效率低、水耗能耗高、污染治理成本高等问题，采用新式备料、高硬度置换蒸煮＋机械疏解＋氧脱木素＋封闭筛选等组合工艺，降低制浆蒸汽用量和黑液黏度，提高制浆得率和黑液提取率的制浆工艺	制浆废液通过浓缩造粒技术生产腐殖酸、有机肥，使秸秆制浆过程中不可利用的有机物和氮、磷、钾、微量元素等营养物质转化为有机肥料，或通过碱回收转化为生物能源，实现无害化处理和资源化利用	/	适用于该技术的秸秆主要有麦秸、稻秆、棉秆、玉米秸等	《清洁生产标准　造纸工业（漂白碱法蔗渣浆生产工艺）》（HJ/T 317—2006）、《清洁生产标准　造纸工业（硫酸盐化学木浆生产工艺）》（HJ/T 340—2007）、《清洁生产标准　造纸工业（漂白化学烧碱法麦草浆生产工艺）》（HJ/T 339—2007）

（续）

技术类别	技术名称	技术内涵与技术内容	技术特征	技术实施注意事项	适宜秸秆	可供参照的主要技术标准与规范
三、秸秆原料化利用技术	（十二）秸秆木糖醇生产技术	秸秆木糖醇生产技术是指利用含有多缩戊糖的农业植物纤维废料，通过化学法或生物法制取木糖醇的技术。目前，工业化木糖醇生产技术多采用化学催化加氢的传统工艺，富含戊聚糖的植物纤维原料，经酸水解及分离纯化得到木糖，再经过氢化得到木糖醇。化学法生产木糖醇有中和脱酸和离子交换脱酸两条基本工艺	高值化利用玉米芯等农副产品，10～12吨玉米芯可生产1吨木糖醇	/	适用于该技术的秸秆主要有玉米芯、棉籽壳等	《食品添加剂　木糖醇》（GB 13509—2005）
四、秸秆燃料化利用技术	（十三）秸秆固化成型技术	秸秆固化成型技术是在一定条件下，利用木质素充当黏合剂，将松散细碎的、具有一定粒度的秸秆挤压成质地致密、形状规则的棒状、块状或粒状燃料的过程。其工艺流程为：首先对原料进行晾晒或烘干，经粉碎机进行粉碎，然后加入一定量水分进行调湿，利用模辊挤压式、螺旋挤压式、活塞冲压式等压缩成型机械对秸秆进行压缩成型，	秸秆固化成型燃料热值与中质烟煤大体相当，具有点火容易、燃烧高效、烟气污染易于控制、低碳、便于储运等优点。秸秆固化成型燃料可为农村居民提供炊	/	适用于该技术的秸秆主要有玉米秸、稻秆、麦秸、棉秆、油菜秆、烟秆、稻壳等	成型燃料及设备生产管理标准：《生物质固体成型燃料　术语》（NY/T 1915—2010）、《生物质固体成型燃料技术条件》（NY/T 1878—2010）、《生物质固体成型燃料试验方法》（NY/T 1881—2010）、《生物质固体成型燃料采样方法》（NY/T 1879—2010）、《生物质固体成型燃料样品制备方法》（NY/T 1880—2010）、《生物质固体成型燃料成型设备技术条件》（NY/T 1882—2010）、《生物质固体成型燃料成型设备试验方法》（NY/T 1883—2010）

（续）

技术类别	技术名称	技术内涵与技术内容	技术特征	技术实施注意事项	适宜秸秆	可供参照的主要技术标准与规范
四、秸秆燃料化利用技术	（十三）秸秆固化成型技术	产品经过通风冷却后储存。秸秆固化成型燃料可分为颗粒燃料、块状燃料和机制棒等产品	事、取暖用能，也可以作为农产品加工业（如粮食烘干、烟草烘干、脱水蔬菜生产等）、设施农业（温室大棚）、养殖业等产业的供热燃料，还可作为工业锅炉、居民小区取暖锅炉和电厂的燃料		适用于该技术的秸秆主要有玉米秸、稻秆、麦秸、棉秆、油菜秆、烟秆、稻壳等	应用成型燃料的炉具生产管理标准：《户用生物质炊事炉具通用技术条件》（NY/T 2369—2013）、《户用生物质炊事炉具性能试验方法》（NY/T 2370—2013）、《民用生物质固体成型燃料采暖炉具通用技术条件》（NB/T 34006—2011）、《民用生物质固体成型燃料采暖炉具试验方法》（NB/T 34005—2011）、《生物质炊事采暖炉具通用技术条件》（NB/T 34007—2012）、《生物质炊事采暖炉具试验方法》（NB/T 34008—2012）、《生物质炊事烤火炉具通用技术条件》（NB/T 34009—2012）、《生物质炊事烤火炉具试验方法》（NB/T 34010—2012）、《生物质炊事大灶通用技术条件》（NB/T 34015—2013）、《生物质炊事大灶试验方法》（NB/T 34014—2013） 地方标准：《生物质成型燃料》（DB13/T 1175—2010）、《生物质成型燃料》（DB11/T 541—2008）

（续）

技术类别	技术名称	技术内涵与技术内容	技术特征	技术实施注意事项	适宜秸秆	可供参照的主要技术标准与规范
四、秸秆燃料化利用技术	（十四）秸秆炭化技术	秸秆炭化技术是将秸秆经晒干或烘干、粉碎后，在制炭设备中，在隔氧或少量通氧的条件下，经过干燥、干馏（热解）、冷却等工序，将秸秆进行高温、亚高温分解，生成炭、木焦油、木醋液和燃气等产品，故又称为“炭气油”联产技术。当前较为实用的秸秆炭化技术主要有机制炭技术和生物炭技术两种。机制炭技术又称为隔氧高温干馏技术，是指秸秆粉碎后，利用螺旋挤压机或活塞冲压机固化成型，再经过700℃以上的高温，在干馏釜中隔氧热解炭化得到固型炭制品。生物炭技术又称为亚高温缺氧热解炭化技术，是指秸秆原料经过晾晒或烘干，以及粉碎处理后，装入炭化设备，使用料层或阀门控制氧气供应，在500～700℃条件下热解成炭	秸秆机制炭具有杂质少、易燃烧、热值高等特点，碳元素含量一般在80%以上，热值可达到每千克23～28兆焦，可作为高品质的清洁燃料，也可进一步加工生产活性炭。 生物炭呈碱性，很好地保留了细胞分室结构，官能团丰富，可制备为土壤改良剂或炭基肥料，在酸性土壤和黏重土壤改良、提高化学肥料利用效率、扩充农田碳库方面具有突出效果。另外，生物炭的碳元素含量一般在60%以上，经固化成型（先炭化后固化）后，也可作为燃料使用	秸秆炭化适用于秸秆资源较丰富、居民较为集中的村镇。 两种技术均产出可燃气、木醋液和焦油等副产品，充分注重这些副产品的综合利用，才可实现良好的工程效益。燃气可作为燃料直接利用；木醋液可作为生物农药，用于蔬菜、水果等农作物的病虫害防治；焦油可作为化工燃料	适用于该技术的秸秆主要有玉米秸、棉秆、油菜秆、烟秆、稻壳等	《生物质棒状成型炭》（LY/T 1973—2011）、《木炭和木炭试验方法》（GB/T 17664—1999）

（续）

技术类别	技术名称	技术内涵与技术内容	技术特征	技术实施注意事项	适宜秸秆	可供参照的主要技术标准与规范
四、秸秆燃料化利用技术	（十五）秸秆沼气生产技术	秸秆沼气生产技术是在严格的厌氧环境和一定的温度、水分、酸碱度等条件下，秸秆经过沼气细菌的厌氧发酵产生沼气的技术。按照使用的规模和形式分为户用秸秆沼气和规模化秸秆沼气工程两大类。目前我国常用的规模化秸秆沼气工程工艺主要有全混式厌氧消化工艺、全混合自载体生物膜厌氧消化工艺、竖向推流式厌氧消化工艺、一体两相式厌氧消化工艺、车库式干发酵工艺、覆膜槽式干发酵工艺	秸秆沼气是高品位的清洁能源，可用于居民供气，也可为工业锅炉和居民小区锅炉提供燃气。沼气净化提纯成生物天然气，可作为车用燃气或并入城镇天然气管网	秸秆沼气生产技术的关键是秸秆的预处理、厌氧颗粒污泥培养及稳定、厌氧消化效率的提高和经济高效厌氧反应器制备等	适用于该技术的秸秆主要有玉米秸、麦秸、豆秸、花生秧、薯类茎秆、蔬菜藤蔓和尾菜等	《制取沼气秸秆预处理复合菌剂》（GB/T 30393—2013）、《秸秆沼气工程施工操作规程》（NY/T 2141—2012）、《秸秆沼气工程运行管理规范》（NY/T 2372—2013）、《秸秆沼气工程质量验收规范》（NY/T 2373—2013）、《秸秆沼气工程工艺设计规范》（NY/T 2142—2012）
	（十六）秸秆纤维素乙醇生产技术	秸秆纤维素乙醇生产技术是目前秸秆能源化利用的高新技术之一。秸秆降解液化是秸秆纤维素乙醇生产的主要工艺过程，是指以秸秆等纤维素为原料，经过原料预处理、酸水解或酶水解、微生物发酵、乙醇提浓等工艺，最终生成燃料乙醇的过程。秸秆纤维素乙醇生产技术的关键工艺包括原料预处理、水解、发酵和废水处理。预处理工艺包括物理法、化学法、生物法和联合法；水解工艺包括酸水解和酶水解；发酵工艺包括直接发酵法、间接发酵法、五碳糖的发酵、同时糖化和发酵工艺、固定化细胞发酵等	秸秆纤维素乙醇生产可直接替代工业乙醇生产所消耗的大量粮食，对国家粮食安全具有重大的战略意义	采取醇烷联产可有效提高秸秆利用率和工程的经济效益	适用于该技术的秸秆主要有玉米秸、麦秸、稻秆、高粱秆等	《醇基液体燃料》（GB/T 16663—1996）、《醇基民用燃料》（NY 311—1997）、《车用燃料甲醇》（GB/T 23510—2009）

（续）

技术类别	技术名称	技术内涵与技术内容	技术特征	技术实施注意事项	适宜秸秆	可供参照的主要技术标准与规范
四、秸秆燃料化利用技术	（十七）秸秆热解气化技术	秸秆热解气化技术是利用气化装置，以氧气（空气、富氧或纯氧）、水蒸气或氢气等作为气化剂，在高温条件下，通过热化学反应，将秸秆部分转化为可燃气的过程。秸秆热解气化的基本原理是秸秆原料进入气化炉后被干燥，随温度升高析出挥发物，在高温下热解（干馏）；热解后的气体和炭在气化炉的氧化区与气化介质发生氧化反应并燃烧，使较高分子量的有机碳氢化合物的分子链断裂，最终生成了较低分子量的 N_2、CO、H_2、CO_2、CH_4、CnHm 等物质的混合气体，其中 CO、H_2、CH_4 为主要的可燃气体。按照运行方式的不同，秸秆气化炉可分为固定床气化炉和流化床气化炉。固定床气化炉又分为上吸式、下吸式、横吸式和开心式等。流化床气化炉又分为鼓泡床、循环流化床、双床、携带床等	秸秆热解气化产出的气体产品经过净化后，可用于村镇集中供气，也可为工业锅炉和居民小区锅炉提供燃气	气化炉是秸秆热解气化的主体设备	适用于该技术的秸秆主要有玉米秸、麦秸、稻秆、稻壳、棉秆、油菜秆等	《秸秆气化供气系统技术条件及验收规范》（NY/T 443—2001）、《生物质气化集中供气站建设标准》（NYJ/T 09—2005）、《秸秆气化装置和系统测试方法》（NY/T 1017—2006）、《秸秆气化炉质量评价技术规范》（NY/T 1417—2007）、《秸秆燃气灶》（NY/T 1561—2007）、《生物质气化集中供气净化装置性能测试方法》（NB/T 34004—2011）、《生物质气化集中供气污水处理装置技术规范》（NB/T 34011—2012）

（续）

技术类别	技术名称	技术内涵与技术内容	技术特征	技术实施注意事项	适宜秸秆	可供参照的主要技术标准与规范
四、秸秆燃料化利用技术	（十八）秸秆直燃发电技术	秸秆直燃发电技术主要是以秸秆为燃料，直接燃烧发电的技术。其原理是把秸秆送入特定蒸汽锅炉中，生产蒸汽，驱动蒸汽轮机，带动发电机发电。秸秆直燃发电技术的关键包括秸秆预处理技术、蒸汽锅炉的多种原料适用性技术、蒸汽锅炉的高效燃烧技术、蒸汽锅炉的防腐蚀技术等。秸秆发电的动力机械系统可分为汽轮机发电技术、蒸汽机发电技术和斯特林发动机发电技术等	秸秆直燃发电技术优势是秸秆消纳量大、对环境较为友好	热电联产是提高秸秆能源转换率、热效率和经济效益的关键技术组合	适用于该技术的秸秆主要有玉米秸、麦秸、稻秆、稻壳、棉秆、油菜秆等	《秸秆发电厂设计规范》（GB 50762—2012）、《热电联产系统技术条件》（GB/T 6423—1995）
五、秸秆基料化利用技术	（十九）秸秆基料化利用技术	秸秆基料化利用技术主要是利用秸秆生产食用菌。秸秆食用菌生产技术包括秸秆栽培草腐菌类技术和秸秆栽培木腐菌类技术两大类，利用秸秆生产的草腐菌主要有双孢蘑菇、草菇、鸡腿菇、大球盖菇等；利用秸秆生产的木腐菌主要有香菇、平菇、金针菇、茶树菇等。秸秆食用菌生产的技术环节主要有菇房建设、原料储备、培养料的预处理、前发酵、后发酵、接种、发菌期管理、出菇期管理、采收与储运等。主要设备包括粉碎机、发酵隧道、拌料机、装袋机、灭菌器、接种箱、菇房（大棚）	利用秸秆基料种植食用菌技术成熟，资源效益和经济效益较高。 利用秸秆种植优质食用菌可丰富国民的菜篮子。 利用秸秆部分或全量替代木料种植木腐菌，具有节材代木、保护林木资源的作用	我国大部分地区都可利用秸秆生产食用菌，没有严格的地域性要求	适用于该技术的秸秆主要有稻秆、麦秸、玉米秸、玉米芯、豆秸、棉籽壳、棉秆、油菜秆、麻秆、花生秧、花生壳、向日葵秆等	《无公害食品　食用菌栽培基质安全技术要求》（NY 5099—2002）、《秸秆栽培食用菌霉菌污染综合防控技术规范》（NY/T 2064—2011）、《食用菌生产技术规范》（NY/T 2375—2013）

资料来源：国家发展和改革委员会办公厅、农业部办公厅《关于印发〈秸秆综合利用技术目录（2014）〉的通知》（发改办环资〔2014〕2802 号）。

《秸秆综合利用技术目录（2014）》的发布标志着我国秸秆综合利用技术体系的基本建立和初步完善。

（四）2015年科学技术部和农业部编印的《农业废弃物（秸秆、粪便）综合利用技术成果汇编》大大丰富了我国秸秆综合利用的新技术

科技创新一直是驱动农业废弃物综合利用的重要支撑。近年来，通过部署国家科技计划，有效突破了一批制约农业废弃物综合利用的核心关键技术，构建了一批农业废弃物综合利用技术体系，建成了一批体现技术特色、区域特色的农业废弃物综合利用科技示范工程，为农业废弃物资源化综合利用的商业化运营奠定了良好的模式基础。

为促进科技成果在农业废弃物资源规模化利用中的应用，加大示范推广力度，吸引企业和专业投资机构积极参与投资，科学技术部联合农业部认真梳理凝练了“十五”以来国家科技计划支持农业废弃物综合利用的技术成果和典型应用案例，在此基础上编制形成了《农业废弃物（秸秆、粪便）综合利用技术成果汇编》，经专家评估后以国科函农〔2015〕255号文的形式向社会发布，以供相关部门、地方政府及企业等参考。

《农业废弃物（秸秆、粪便）综合利用技术成果汇编》共分两大部分四个章节。前三个章节，分别从原料收运储、转化加工、产品开发三个方面介绍了61项农业废弃物综合利用全产业链主要环节的核心技术成果（表4-2），其中，以秸秆为原料的技术成果49项，占技术成果总数的80.33%；以秸秆和畜禽粪

便为混合原料的技术成果7项，占技术成果总数的11.48%；以畜禽粪便为原料的技术成果5项，占技术成果总数的8.20%。

表4-2 《农业废弃物（秸秆、粪便）综合利用技术成果汇编》的技术成果及其适宜原料

技术类别		技术成果名称	技术成熟度	适宜原料
一、原料收运储		1. 秸秆打捆机	推广应用	玉米秸秆、小麦秸秆、稻秆等秸秆
		2. 秸秆压捆机	示范阶段	玉米秸秆、小麦秸秆、稻秆、高粱秆等秸秆
		3. 自走式穗茎兼收玉米联合收获机	应用阶段	玉米秸秆、小麦秸秆、稻秆等秸秆
		4. 拔切组合式收获机	示范阶段	棉花秆
		5. 高效秸秆粉碎机	示范阶段	麦秸、玉米秸等秸秆原料及畜禽粪便
		6. 揉碎机	示范阶段	麦秸、玉米秸等秸秆
二、转化加工	（一）关键技术	7. 畜禽粪便高温堆肥化处理技术	推广应用	畜禽粪便等
		8. 禽畜粪便高效肥化利用技术	示范阶段	畜禽粪便
		9. 养殖废弃物农牧循环利用配套技术	应用阶段	畜禽粪便、玉米秸秆、小麦秸秆、水稻秸秆等
		10. 秸秆生物强化预处理技术	示范阶段	稻秆、麦秆、玉米秸、高粱秆等
		11. 秸秆高效厌氧发酵固态化学预处理技术	示范阶段	麦秸、玉米秸、水稻秸秆、小麦秸秆等
		12. 秸秆及畜禽粪便干发酵技术	示范阶段	畜禽粪便、玉米秸秆、小麦秸秆、水稻秸秆等

（续）

技术类别		技术成果名称	技术成熟度	适宜原料
二、转化加工	（一）关键技术	13. 粪便厌氧发酵除沙技术	应用阶段	鸡粪、牛粪、猪粪等
		14. 有机废弃物一体化两相发酵技术	示范工程	小麦秸秆、玉米秸秆、猪粪、牛粪、鸡粪等
		15. 沼气发酵功能微生物强化技术	应用阶段	玉米秸秆、水稻秸秆、猪粪、牛粪、鸡粪等
		16. 秸秆原位收集成型与热解气化技术	示范阶段	麦秸、玉米秸、甜高粱秆等
		17. 高效率循环流化床燃烧发电集成技术	应用阶段领先国际	麦秸、稻秆、稻壳、棉秆、油菜秆等
		18. 秸秆蒸汽爆破技术	研究阶段	稻秆、麦秆、玉米秆、高粱秆、棉秆等
		19. 射线辐照处理的秸秆降解糖化新技术	示范阶段	玉米秸秆、水稻秸秆、豌豆秆、葵花秆、甜高粱等
		20. 秸秆高效组合预处理技术	示范阶段	稻秆、麦秸、玉米秸等
		21. 同步发酵生产纤维素乙醇技术	示范工程	玉米秸、麦秸、稻秆、高粱秆等
		22. 同步生物加工法（CBP）制备生物乙醇技术	示范阶段	玉米秸秆、水稻秸秆、豌豆秆、葵花秆、甜高粱等
		23. 秸秆固态酶解发酵生产燃料乙醇关键技术	示范阶段	玉米秸秆、水稻秸秆、玉米秸秆、甜高粱等
		24. 秸秆生产高清洁汽柴油技术	示范阶段	玉米秸、麦秸、稻秆、高粱秆等
		25. 纤维素生物质先进裂解液化技术	示范阶段	稻壳、棉秆等

（续）

技术类别		技术成果名称	技术成熟度	适宜原料
二、转化加工	（一）关键技术	26. 碳水化合物水相催化合成长链烃关键技术	示范阶段	麦秸、稻秆、稻壳、棉秆、油菜秆等
		27. 秸秆木质素-酚醛树脂胶黏剂制备技术	应用阶段	玉米秸秆、水稻秸秆、甜高粱等
		28. 功能化木塑复合材料制造技术	应用阶段	玉米秸秆、水稻秸秆、木屑等
	（二）关键装备	29. 袋式秸秆青黄贮灌装机	示范阶段 领先国际	水稻秸、麦秸、玉米秸等
		30. 厌氧发酵循环流反应器	示范阶段 并行国际	玉米秸、麦秸等
		31. 畜禽粪便气化多联产装备	示范阶段 并行国际	禽畜粪便
		32. 秸秆转化生态炭大型仓式装置	示范阶段	稻秆、豆秸、薯类藤蔓、向日葵秆（盘）等
		33. 内循环锥形流化床气化反应器	示范阶段	玉米秸秆、水稻秸秆等
三、产品开发	（一）饲料产品开发	34. 青（黄）贮饲料	应用阶段	玉米秸、高粱秆、麦秸、高粱秸、向日葵秸等
		35. 压块饲料	示范阶段	玉米秸、麦秸、稻秆、豆秸、薯类藤蔓等
		36. 碱化（氨化）饲料	应用阶段	麦秸、稻秆、花生秸、豆秸等
		37. 揉丝饲料	示范阶段	玉米秸、豆秸、稻秸、麦秸、花生秸、向日葵秆等

（续）

技术类别		技术成果名称	技术成熟度	适宜原料
三、产品开发	（二）肥料产品开发	38. 秸秆机械化全量还田	应用阶段	玉米秸、麦秸、水稻秆、棉花秆、油菜秸等
		39. 高效生物质腐熟肥料	应用阶段	麦秸、玉米秸、水稻秸、油菜秸、甜高粱秆等
		40. 高效促腐复合微生物菌剂	示范阶段	水稻、小麦、玉米等秸秆
		41. 新型农用生物制剂β-寡聚酸	示范阶段	水稻秸秆、香蕉叶、甘蔗叶、水葫芦等
		42. 蚯蚓粪生物有机肥	示范阶段	水稻秸、麦秸、油菜秸等作物秸秆，鸡粪、猪粪、牛粪等畜禽粪便
		43. 土壤改良剂	示范阶段	玉米、小麦、水稻和油菜等秸秆
		44. 无公害生物长效有机肥料	示范阶段	鸡粪、猪粪、牛粪等畜禽粪便
		45. 秸秆菌糠生物有机肥	示范阶段	稻草、麦秸、玉米秸、大豆秸、甘蔗渣等
	（三）能源产品开发	46. 生物燃气	应用阶段 领先国际	水稻、小麦、玉米、棉花、油菜、甘蔗等多种农作物秸秆和畜禽粪便等
		47. 热解气化燃气	应用阶段	水稻、小麦、玉米、棉花、油菜、甜高粱、甘蔗等多种农作物秸秆
		48. 气固液多级产品联产	示范阶段	水稻、小麦、玉米、棉花、油菜、甜高粱、甘蔗等多种农作物秸秆及畜禽粪便等

（续）

技术类别		技术成果名称	技术成熟度	适宜原料
三、产品开发	（三）能源产品开发	49. 燃料乙醇	应用阶段	水稻、小麦、玉米、棉花、油菜、甜高粱、甘蔗等多种农作物秸秆等
		50. 航空燃油	示范阶段	水稻、小麦、玉米、棉花、油菜、甜高粱、甘蔗等多种农作物秸秆以及废弃油脂等
		51. 高清洁汽柴油	示范阶段	水稻、小麦、玉米、棉花、油菜、甜高粱、甘蔗等多种农作物秸秆及稻壳等
		52. 生物油	示范阶段	水稻、小麦、玉米、等多种农作物秸秆
		53. 成型燃料	应用阶段	水稻、小麦、玉米、棉花、油菜、甘蔗等多种农作物秸秆和稻壳等
		54. 炭化燃料	应用阶段	水稻、小麦、玉米、棉花、油菜、甜高粱、甘蔗等多种农作物秸秆
	（四）材料产品开发	55. 木糖醇	应用阶段	玉米芯、棉籽壳等
		56. 人造板材	应用阶段 领先国际	水稻、小麦、玉米、棉花、油菜、甘蔗等多种农作物秸秆；秸秆乙醇（丁醇）副产物木质素或造纸工业碱木质素等
		57. 复合材料	应用阶段 领先国际	水稻、小麦、玉米、棉花、油菜、甘蔗等多种农作物秸秆以及木材加工剩余物和废旧塑料

（续）

技术类别		技术成果名称	技术成熟度	适宜原料
三、产品开发	（四）材料产品开发	58. 清洁制浆	应用阶段 领先国际	水稻、小麦、玉米、棉花、油菜、甘蔗等多种农作物秸秆及芦苇等
		59. 活性炭系列产品	应用阶段 领先国际	水稻、小麦、玉米、棉花、油菜、甘蔗等多种农作物秸秆
	（五）基料产品开发	60. 栽培食用菌	应用阶段 并行国际	主要是以稻草、高粱秸、玉米芯、棉柴、部分畜禽粪便等为原料生产菇类、木耳等食用菌
		61. 生产园艺基质	示范阶段 跟踪国际	水稻、小麦、玉米、棉花、油菜、甘蔗、花生壳等多种农作物秸秆及农林废弃物

与前三章技术成果相呼应，第四章给出了这些主要技术成果的工程案例，共计 54 项（表 4－3），其中，以秸秆为原料的工程案例 43 项，占工程案例总数的 79.63%；以秸秆和畜禽粪便为混合原料的工程案例 7 项，占工程案例总数的 12.96%；以畜禽粪便为原料的工程案例 4 项，占工程案例总数的 7.41%。

《农业废弃物（秸秆、粪便）综合利用技术成果汇编》的发布，大大丰富了我国秸秆综合利用的新技术，初步解决了某些薄弱技术环节。但这些核心技术成果的技术成熟度仍大都较低，近 6 成处于示范阶段，约 4 成处于（示范工程）应用阶段，处于推广应用阶段的只有 2 项；经济性更是有待生产实践的检验。

表 4-3　《农业废弃物（秸秆、粪便）综合利用技术成果汇编》的工程模式、案例及其适宜原料

工程类别	模式名称	案例名称	适宜原料	
			秸秆	粪便
一、原料收储运工程	（一）收运储模式	1. 分散型和集中型农作物秸秆收运储模式	√	
	（二）联合收获机	2. 适应各种行距的穗茎兼收型玉米联合收获机	√	
	（三）秸秆青贮收集机	3. 4JQS 系列秸秆青贮收集机	√	
	（四）麦稻联合收割机配套打捆机	4. 9YFL-30×40 麦稻联合收割机配套打捆机	√	
	（五）规模化灰色秸秆收集及上料系统工程	5. 规模化生物质项目灰色秸秆及木质类原料收集和上料系统工程	√	
	（六）规模化黄色秸秆收集及上料系统工程	6. 规模化生物质发电项目黄色秸秆收集及上料系统工程	√	
	（七）青饲料捆裹储藏工程	7. 青饲料捆裹储藏技术的研究	√	
二、饲料化工程	（一）秸秆蛋白饲料工程	8. 隧道式固体发酵玉米秸秆生产蛋白饲料工程	√	
	（二）秸秆生物饲料工程	9. 玉米秸秆生物饲料化利用技术	√	
三、肥料化工程	（一）秸秆改良土壤工程	10. 沙质土壤改良示范推广	√	
		11. 农作物秸秆热解炭化利用产业示范	√	
	（二）秸秆、畜禽粪便肥料化工程	12. 利用农业废弃物制造生物有机肥技术工艺	√	√
		13. 内蒙古五原年产 3 万吨生物有机肥工程		√
		14. 农村畜禽粪便资源化关键技术中试与示范		√
		15. 畜禽粪便的微生物无害化处理与生态有机肥生产技术及产业化		√

（续）

工程类别	模式名称	案例名称	适宜原料	
			秸秆	粪便
三、肥料化工程	（三）秸秆腐解剂	16. 高分解秸秆、畜禽粪便 HXM 复合微生物原菌种及系列生物有机肥中试与示范	√	√
		17. 高效生物秸秆腐熟剂的产业化示范	√	
		18. 秸秆快速腐解剂及喷撒设备	√	
	（四）秸秆还田工程	19. 寒地玉米秸秆机械化还田少耕技术	√	
		20. 江淮地区“稻油”轮作作物秸秆粉碎还田循环利用农机农艺配套技术	√	
		21. 作物秸秆田间原位微生物腐解还田技术	√	
	（五）蚓粪工程	22. 5 000 头适度规模养牛场废弃物农牧循环利用配套技术		√
四、能源化工程	（一）畜禽粪便兆瓦级热电联产工程	23. 鸡粪热电气肥联供工程		√
		24. 山东民和牧业 3 兆瓦生物燃气发电工程		√
	（二）车用生物燃气工程	25. 沼气膜净化生产生物天然气成套技术及装备	√	√
	（三）农业废弃物厌氧干发酵工程	26. 秸秆及畜禽粪便干发酵技术	√	√
	（四）秸秆规模化沼气制备及生态循环利用工程	27. 阿旗利用秸秆生产大型沼气（生物燃气）工程	√	
		28. 木质纤维原料高效预处理制备生物燃气工程	√	

（续）

工程类别	模式名称	案例名称	适宜原料	
			秸秆	粪便
四、能源化工程	（四）秸秆规模化沼气制备及生态循环利用工程	29. 300米^3/天能源草高效厌氧发酵制备生物燃气中试工程	√	
		30. 黑龙江农垦青龙山秸秆沼气集中供气工程	√	
		31. 秸秆高效厌氧发酵生产沼气与集中供气工程示范	√	
	（五）农牧循环利用工程	32. 5 000头适度规模的养猪场废弃物农牧循环利用配套技术	√	√
		33. 5万头大型规模养猪场废弃物农牧循环利用配套技术	√	√
	（六）农作物秸秆气化发电工程	34. 农业剩余物气化制备燃气及发电供热应用技术	√	
	（七）多产品联产综合利用工程	35. 5兆瓦高效生物质固定床气化发电（气、电、焦油、热联产联供）关键技术及工程示范	√	
		36. 生物质移动床热解炭气油多联产技术	√	
		37. 农业废弃物气热电联产应用技术	√	√
	（八）农作物秸秆生物转化制备燃料乙醇工程	38. 同步生物加工法（CBP）制备生物乙醇	√	
		39. 基于射线辐照处理的秸秆降解糖化新技术	√	
		40. 年产3 000吨秸秆燃料乙醇多联产生态产业链示范工程	√	

（续）

工程类别	模式名称	案例名称	适宜原料	
			秸秆	粪便
四、能源化工程	（九）秸秆热解制备生物柴油工程	41. 秸秆炼制生物柴油及其综合利用产业化示范工程	√	
	（十）生物航空燃油制备工程	42. 生物质水相催化合成生物航空燃油百吨级示范工程	√	
	（十一）生物质裂解液化工程	43. 300千克/小时生物质裂解液化工程	√	
	（十二）生物质微米化高温燃烧工程	44. 生物质微米化高温技术在工业锅炉中的应用	√	
五、材料化工程	（一）木塑复合材料制造工程	45. 高强度功能化木塑复合材料制造技术	√	
	（二）秸秆人造板工程	46. 年产5万$米^3$秸秆人造板项目	√	
	（三）聚羟基烷酸酯（PHA）开放式发酵生产工程	47. 以混合有机废弃物为原料开放式发酵生产聚羟基烷酸酯（PHA）	√	
	（四）秸秆木质素-酚醛树脂胶黏剂制备工程	48. 秸秆木质素-酚醛树脂胶黏剂制备技术	√	
六、基料化工程	（一）秸秆栽培食用菌工程	49. 菌渣高效循环栽培食用菌工程	√	
		50. 农作物秸秆标准化高效生产食用菌工程	√	
		51. 东南地区农田秸秆菌业循环生产工程	√	
		52. 农作物秸秆工厂化栽培食用菌关键技术及应用示范	√	
	（二）绿化基材工程	53. 岩土渣场秸秆植生带绿化工程	√	
		54. 汶川地震灾后边坡绿化基材护坡工程	√	

毋庸置疑的是，随着这些核心技术成果的不断成熟和示范推广，尤其是其生产经济性的稳步提升，必将有效地提高我国秸秆产业化的科技含量和高价值水平，乃至引领我国秸秆产业化的发展方向。

（五）2016年农业部推介的《秸秆“五料化”利用技术》对秸秆综合利用技术体系做了进一步的修订完善

2016年农业部科技教育司在《秸秆综合利用技术目录（2014）》的基础上，组织专家对秸秆“五料化”利用技术进行了进一步的遴选和完善，形成《秸秆“五料化”利用技术》，并以农科（能生）函〔2016〕第213号文的形式向全社会进行了推介发布。

与《秸秆综合利用技术目录（2014）》相比，《秸秆“五料化”利用技术》新增了“秸秆微贮技术”“秸秆植物栽培基质技术”“秸秆块墙体日光温室构建技术”“秸秆容器成型技术”，剔除了“秸秆木糖醇生产技术”“秸秆炭化技术”“秸秆纤维素乙醇生产技术”“秸秆直燃发电技术”，并将“秸秆堆沤还田技术”修订为“秸秆有机肥生产技术”，同时将“秸秆直接还田技术”“秸秆热解气化技术”“秸秆沼气生产技术”“秸秆清洁制浆技术”进行了细分，使具体的秸秆“五料化”利用技术达到25种，具体如表4-4所示。

《秸秆“五料化”利用技术》对每项技术从“技术概述”“技术流程”“技术要点”“注意事项”“适宜区域”五个方面进行了具体阐述。

《秸秆“五料化”利用技术》的推介发布标志着我国秸秆综合利用技术体系进一步趋向完善，具体内容见表4-4。

表 4-4 《秸秆“五料化”利用技术》的技术类别和技术名称

技术类别	技术名称	
一、秸秆肥料化利用技术	（一）秸秆直接还田技术	1. 秸秆机械混埋还田技术
		2. 秸秆机械翻埋还田技术
		3. 秸秆覆盖还田技术
	（二）秸秆腐熟还田技术	/
	（三）秸秆生物反应堆技术	/
	（四）秸秆有机肥生产技术	/
二、秸秆饲料化利用技术	（一）秸秆青（黄）贮技术	/
	（二）秸秆碱化/氨化技术	/
	（三）秸秆压块（颗粒）饲料加工技术	/
	（四）秸秆揉搓丝化加工技术	/
	（五）秸秆微贮技术	/
三、秸秆原料化利用技术	（一）秸秆人造板材生产技术	/
	（二）秸秆复合材料生产技术	/
	（三）秸秆清洁制浆技术	1. 有机溶剂制浆技术
		2. 生物制浆技术
		3. DMC 清洁制浆技术
	（四）秸秆块墙体日光温室构建技术	/
	（五）秸秆容器成型技术	/
四、秸秆燃料化利用技术	（一）秸秆固化成型技术	/
	（二）秸秆热解气化技术	1. 秸秆气化技术
		2. 秸秆干馏技术
	（三）秸秆沼气生产技术	1. 户用秸秆沼气生产技术
		2. 大中型秸秆沼气生产技术

（续）

技术类别	技术名称	
五、秸秆基料化利用技术	（一）秸秆基料食用菌种植技术	秸秆栽培草腐生菌类技术
	（二）秸秆植物栽培基质技术	/

（六）2017年农业部印发的《秸秆农用十大模式》明确了我国秸秆主要农用模式的技术要点

2017年农业部组织专家编写并以农办科〔2017〕24号文形式印发的《秸秆农用十大模式》主要从模式内涵、模式特点、模式流程、适宜范围、典型案例五个方面，对每一模式进行了系统的归纳整理，并主要结合模式内涵和模式流程给出了每个模式的技术要点。这十大模式分别是东北高寒区玉米秸秆深翻养地模式、西北干旱区棉秆深翻还田模式、黄淮海地区麦秸覆盖玉米秸旋耕还田模式、黄淮海地区麦秸覆盖玉米秸旋耕还田模式、长江流域稻麦秸秆粉碎旋耕还田模式、华南地区秸秆快腐还田模式、秸—饲—肥种养结合模式、秸—沼—肥能源生态模式、秸—菌—肥基质利用模式、秸—炭—肥还田改土模式。

《秸秆农用十大模式》的发布对持续提升我国的秸秆农用水平发挥了重要的作用。

（七）2017 年农业部对秸秆主要利用方式即秸秆机械化还田的技术模式进行了系统推介

秸秆机械化还田是一条最快捷、最能大批量处理秸秆的有效途径，现已经成为我国最主要的秸秆利用方式，占全国已利用秸秆量的一半以上。

2017 年农业部农业机械化管理司和农业机械化技术开发推广总站编制印发的《主要农作物秸秆机械化还田技术模式》，从不同的区域，对水稻、玉米、小麦、大豆、油菜、棉花等六大农作物的秸秆机械化还田技术模式进行了系统的归纳整理，共计形成各自不同的技术模式 30 种（表 4－5 所示），并对每一技术模式从技术路线、技术要点、机具配备、适用范围四个方面做了具体介绍。

表 4－5 《主要农作物秸秆机械化还田技术模式》不同秸秆、不同区域机械化还田技术名称

秸秆类别	还田区域	技术名称
一、水稻秸秆	（一）东北一熟区	1. 水稻秸秆全量翻埋还田技术模式
		2. 水稻秸秆半量还田技术模式
	（二）水旱轮作稻区	1. 水稻秸秆粉碎地表覆盖还田技术模式
		2. 水稻秸秆粉碎混埋还田技术模式
		3. 水稻秸秆粉碎翻埋还田技术模式
	（三）双季稻区	1. 水稻秸秆粉碎混埋还田技术模式
		2. 水稻秸秆粉碎翻埋还田技术模式

（续）

秸秆类别	还田区域	技术名称
二、玉米秸秆	（一）东北一熟区	1. 玉米秸秆覆盖还田技术模式
		2. 玉米秸秆深翻还田技术模式
		3. 玉米秸秆碎混还田技术模式
	（二）黄淮海两熟区	1. 玉米秸秆粉碎地表覆盖还田技术模式
		2. 玉米秸秆粉碎混埋还田技术模式
		3. 玉米秸秆粉碎翻埋还田技术模式
	（三）西北一熟区	1. 粉碎地表覆盖还田技术模式
		2. 整秆地表覆盖还田技术模式
		3. 粉碎混埋还田技术模式
		4. 粉碎翻埋还田技术模式
三、小麦秸秆	（一）黄淮海两熟区	小麦秸秆机械化粉碎地表覆盖还田技术模式
	（二）西北一熟区	1. 小麦秸秆机械化粉碎混埋还田技术模式
		2. 小麦秸秆机械化粉碎翻埋还田技术模式
	（三）西南两熟区	1. 小麦秸秆机械化粉碎混埋还田技术模式
		2. 小麦秸秆机械化粉碎翻埋还田技术模式
四、大豆秸秆	（一）东北一熟区	1. 大豆秸秆全量还田技术模式
	（二）黄淮海两熟区	2. 大豆秸秆粉碎地表覆盖还田技术模式
五、油菜秸秆	（一）春油菜区	1. 春油菜秸秆覆盖还田技术模式
		2. 春油菜粉碎翻埋还田技术模式
	（二）冬油菜区	1. 冬油菜秸秆粉碎混埋还田技术模式
		2. 冬油菜秸秆粉碎翻埋还田技术模式
六、棉花秸秆	棉花种植区	1. 棉花秸秆粉碎翻埋还田技术模式
		2. 棉花秸秆粉碎混埋还田技术模式

《主要农作物秸秆机械化还田技术模式》是目前国家各部门

推介的首套秸秆机械化还田专题技术模式。期望国家各部门能从秸秆“五料化”（肥料化、饲料化、燃料化、基料化、原料化）利用的角度，对每一类别的秸秆利用技术模式做出专题推介。

四、国家秸秆综合利用试点项目的启动与实施

根据农业部和财政部联合发布的《关于开展农作物秸秆综合利用试点　促进耕地质量提升工作的通知》（农办财〔2016〕39号）的要求，2016年国家安排10亿元中央财政资金，采取“以奖代补”方式，在河北、山西、内蒙古、辽宁、吉林、黑龙江、江苏、安徽、山东、河南10省、自治区启动了秸秆综合利用试点项目，并于2017年将试点区域拓展到四川、陕西2省。

试点方式为整县推进，即在试点省、自治区中选取部分秸秆资源量大、禁烧任务重和综合利用潜力大的县，全面开展秸秆综合利用试点工作，实现秸秆综合利用率的整体提升。

2016—2018年，国家秸秆综合利用试点项目共计安排中央财政资金38亿元，在上述12个省、自治区选择了241个县（市）开展秸秆综合利用试点，带动地方和社会投资近百亿元，支持秸秆直接还田和过腹还田，秸秆还田能力显著提升。

通过试点工作的推进，有效地带动了全国各地尤其是上述各试点省、自治区秸秆综合利用水平的全面提升。2017年，全国秸秆综合利用率达到83.68%，其中，河北（96.81%）、山西（90.39%）、江苏（92%）、安徽（87.3%）、山东（89.59%）、河南（87.08%）、四川（86.89%）、陕西（86.50%）等8个试点省的秸秆综合利用率稳定在86%以上。

五、农业农村部提出全面推进秸秆综合利用工作的新要求

2018年10月，农业农村部副部长张桃林《在东北地区秸秆处理行动现场交流会上的讲话》中提出："目前，秸秆综合利用已经到了全面推进的时候，要由试点示范转变为全面铺开。"

2019年农业农村部办公厅印发的《关于全面做好秸秆综合利用工作的通知》（农办科〔2019〕20号）提出："2016年以来，部分省（区）开展了秸秆综合利用试点工作，取得了一定成效。经研究，决定开始全面推进秸秆综合利用工作。"

为加强科技支撑，农办科〔2019〕20号提出：各省农业农村部门要充分依托国家现代农业产业技术体系和基层农技推广体系等技术力量，组建本省秸秆综合利用技术专家组。根据本地农业种植制度，形成适合本地的秸秆深翻还田、免耕还田、堆沤还田等技术规程，研发推广秸秆青黄贮饲料、打捆直燃、成型燃料生产等领域新技术，总结凝练相关技术的内涵、特点、操作要点、适用区域等，发布年度主推技术，扩大推广范围，放大示范效应。同时提出开展模式总结的工作要求：各省农业农村部门要认真总结各地在实践中形成的创新经验和有效做法，分层次、分环节、分对象开展经验交流和现场观摩活动，努力提升各地工作水平；相关秸秆综合利用重点县要凝练政策措施、工作措施、技术措施等方面的经验做法，形成可复制、可推广的县域典型模式。

2019年，国家安排中央财政资金19.5亿元，在全国遴选180个以上的重点县，整县推进秸秆综合利用。

六、结语

以科研院校和骨干企业为主要依托，建立产学研相结合的创新平台，围绕秸秆综合利用中的关键技术瓶颈和共性难题进行联合攻关，同时引进消化吸收国外先进装备和技术，加强技术集成配套，建立不同类型地区秸秆综合利用的技术模式，全面提升我国秸秆综合利用的技术、装备和工艺水平，进而通过标准制定、技术培训和典型示范推进科技成果转化和产业化应用，已经成为我国实施秸秆综合利用科技支撑工程的行政指导总体要求。

通过自主创新、引进消化吸收，我国秸秆综合利用技术不断取得新突破，围绕秸秆“五料化”利用基本建立了我国秸秆综合利用的技术体系。

“科教先导，整体推进”“科技支撑，试点示范”“依靠科技，强化支撑”“科技推动，强化支撑”“科技推动，试点先行”都曾经作为我国秸秆综合利用的行政指导原则。以秸秆综合利用工程项目为载体建设科技示范工程，通过试点示范和重点扶持，强化技术培训和指导，大力推广应用先进适用的技术装备，尤其是用量大、技术含量和附加值高的秸秆综合利用技术，已成为提升我国秸秆综合利用科技水平的基本实践途径。

随着重点省、自治区试点示范向全国范围的全面铺开，秸秆综合利用的科技支撑与示范带动作用将会得到进一步的发扬光大。

第五章 政策扶持与市场运作

农作物秸秆“用则利、弃则害”。秸秆综合利用不仅是种养结合循环农业发展的关键环节，终将成为现代生态农业发展的重要物质基础，而且对大气污染和面源污染防治、乡村环境整治等生态文明建设具有不可或缺的作用。秸秆属于农作物副产物，总体资源禀赋不高，在秸秆还田消纳能力有待提升和秸秆产业化体系尚待完善的现实条件下，迫切需要政府的政策支持和投资扶持，并为秸秆综合利用主体培育和产业发展创造良好的市场环境。

“政策扶持，公众参与”“市场导向，政策扶持”“市场运作，政府扶持”都曾经作为国家各部门行政规范性文件中的秸秆综合利用行政指导原则。政策扶持旨在利用财政、税收、价格、信贷、用地等政策措施，在政策、资金和技术上给予支持，建立利益导向机制，调动企业和农民的积极性，并引导社会资本向秸秆利用产业集聚，推进秸秆综合利用能力的全面快速提升。市场运作旨在充分发挥市场在资源配置中的决定性作用，建立以市场为导向、企业为主体、农民积极参与的长效机制，发展可市场化运行的、多门类的秸秆产业，以秸秆综合利用技术服务、秸秆机械还田作业服务、秸秆收储运服务等各种类型的服务业态为主，建立并完善市场化的秸秆综合利用服务体系，逐步形成秸秆综合利用的产业化体系和利益链条，促进秸秆利用产业的多元化、高效化和规模化发展。

一、农作物秸秆综合利用“公益性事业”的定位与责任主体的确定

（一）农作物秸秆综合利用“公益性事业”的定位

1998年农业部、财政部、交通部、国家环境保护总局和中国民航总局五部门联合发布的《关于严禁焚烧秸秆保护生态环境的通知》（农环能〔1998〕1号）明确指出：“秸秆禁烧和综合利用是国家利益为主的公益性事业，各级政府部门要结合实际，制定秸秆禁烧及综合利用计划和实施方案，加大投入力度，支持开展秸秆综合利用的技术开发、试点示范和技术培训，支持开发利用秸秆的企业，扩大秸秆综合利用途径，提高技术装备水平，保障工作的顺利开展。”

秸秆禁烧的公益性是有目共睹的。秸秆综合利用之所以能成为“国家利益为主的公益性事业”，主要是因其具有多方面的正外部性：一者可“以用促禁”，消除秸秆露天焚烧危害；二者可通过直接还田、堆沤还田、过腹还田、沼肥还田、炭基肥还田等多种还田方式培肥改土，提高耕地质量及其综合生产能力，同时实现固碳减排；三者可通过饲料化利用发展节粮型畜牧业，保障粮食安全，同时节约耕地和保护草地；四者可通过能源化利用替

代化石能源，实现节能减排；五者可通过基料化和原料化利用替代林木消耗，保护林地。

农业部等五部门将秸秆禁烧和综合利用定位为“国家利益为主的公益性事业”，对地方各级政府制定和落实秸秆禁烧和综合利用政策，大力开展秸秆综合利用政策扶持发挥了重要的指导作用。

（二）农作物秸秆综合利用责任主体的确定

按照“公益性事业”的定位，在国家各部门发布的系列行政规范性文件中，始终将“地方各级人民政府”确定为秸秆禁烧和综合利用工作的责任主体，并要求把责任具体落实到市、县和乡镇人民政府。

由表5－1可见，在国家各部门早期发布的行政规范性文件中，从“问题导向”出发，主要是将秸秆禁烧工作明确为地方各级人民政府的责任，秸秆综合利用的政府责任尚未提及。

表5－1　国家各部门系列行政规范性文件对落实秸秆禁烧和综合利用地方政府责任的具体规定

行政规范性文件	具体规定
农业部、财政部、交通运输部、国家环境保护总局和中国民航总局《关于严禁焚烧秸秆保护生态环境的通知》（农环能〔1998〕1号）	解决秸秆焚烧问题，是一项带有紧迫性和长期性的工作，各级政府和有关部门必须高度重视，切实加强领导，把它作为实施可持续发展战略的一项重要工作，纳入议事日程，必须采取“禁”与“疏”相结合的措施，抓紧抓好

（续）

行政规范性文件	具体规定
国家环境保护总局《关于做好2001年秋季秸秆禁烧工作的紧急通知》（环发〔2001〕155号）	狠抓责任制，确保秸秆禁烧工作落到实处。各地要认真落实《中华人民共和国大气污染防治法》和国务院六部委颁布的《秸秆禁烧和综合利用管理办法》，结合本地区的实际情况，尽快部署秋季秸秆禁烧工作，将秸秆禁烧工作纳入地方环保目标责任制和县、乡（镇）政府负责人政绩考核的内容，并落实相关部门的责任
国家环境保护总局《关于加强秸秆禁烧和综合利用工作的通知》（环发〔2003〕78号）	建立秸秆禁烧工作目标管理责任制，把禁烧责任具体落实到市县政府和乡镇政府，并由市县政府具体组织，乡镇政府具体落实
国家环境保护总局、农业部、财政部、铁道部、交通部和中国民航总局《关于进一步做好秸秆禁烧和综合利用工作的通知》（环发〔2005〕52号）	各级政府要依法对本辖区的环境质量负责，坚持"疏堵结合，以疏为主"的方针，建立秸秆禁烧和综合利用工作目标管理责任制，把责任具体落实到市县和乡镇人民政府，加强监督管理，强化责任追究
国家环境保护总局办公厅《关于进一步加强秸秆禁烧工作的紧急通知》（环办〔2007〕68号）	各级环境保护部门要督促当地政府依法对本辖区的环境质量负责，坚持"疏堵结合，以疏为主"的方针，建立秸秆禁烧和综合利用工作目标管理责任制，把责任具体落实到市、县和乡镇人民政府，加强监督管理，强化责任追究
国务院办公厅《关于加快推进农作物秸秆综合利用的意见》（国办发〔2008〕105号）	落实地方政府责任。地方各级人民政府是推进秸秆综合利用和秸秆禁烧工作的责任主体，要把秸秆综合利用和禁烧作为推进节能减排、发展循环经济、促进农村生态文明建设的一项工作内容，摆上重要议事日程，进一步加强领导，统筹规划，完善秸秆禁烧的相关法规和管理办法，抓紧制定加快推进秸秆综合利用的具体政策，狠抓各项措施和规定的落实，努力实现秸秆综合利用和禁烧目标

（续）

行政规范性文件	具体规定
环境保护部办公厅《关于做好2011年秸秆禁烧工作的紧急通知》（环办〔2011〕78号）	各地要结合本地区实际，尽快部署夏秋两季秸秆禁烧工作，制定秸秆禁烧专项工作方案，坚持“疏堵结合，以疏为主”的方针，建立秸秆禁烧工作目标管理责任制，将责任具体落实到市、县和乡镇人民政府，充分发挥村民组织的作用，严防死守，并严格奖惩措施，加强监督管理，强化责任追究
国家发展和改革委员会、农业部、环境保护部《关于加强农作物秸秆综合利用和禁烧工作的通知》（发改环资〔2013〕930号）	地方各级人民政府要着力健全激励和约束机制，明确对本行政区域秸秆综合利用负总责、政府主要领导是第一责任人的工作要求，建立秸秆综合利用和禁烧目标责任制，并分解落实到相关部门，明确分工，落实责任，加强监管
国家发展和改革委员会、农业部《关于深入推进大气污染防治重点地区及粮棉主产区秸秆综合利用的通知》（发改环资〔2014〕116号）	进一步强化各级地方政府目标责任。各级政府要将秸秆综合利用作为推进节能减排、发展循环经济、治理大气污染、促进生态文明建设的重要内容，纳入各级地方政府的工作重点，并实行责任制进行考核和问责
国家发展和改革委员会、农业部、环境保护部《京津冀及周边地区秸秆综合利用和禁烧工作方案（2014—2015年）》（发改环资〔2014〕2231号）	有关地区要将秸秆综合利用作为推进节能减排、发展循环经济、治理大气污染、促进生态文明建设的重要内容，纳入各地政府的工作重点，搞好统筹规划和组织协调，加强组织领导，做到分工明确、责任到人、重点突出，形成共同推进合力，确保实现秸秆综合利用目标
国家发展和改革委员会、财政部、农业部、环境保护部《关于进一步加快推进农作物秸秆综合利用和禁烧工作的通知》（发改环资〔2015〕2651号）	明确任务，强化责任。各地要加强对秸秆综合利用和禁烧工作领导，明确目标任务，强化主体责任；要健全相关法规规章，出台配套政策，明确执法主体，落实工作职责，建立考核机制，严格奖惩措施；实行秸秆综合利用和禁烧工作目标责任制，把任务分解落实到部门、乡镇和村组，明确分工、责任到人，构建政府主导、部门联动、农民参与的工作格局

（续）

行政规范性文件	具体规定
农业部办公厅、财政部办公厅《关于开展农作物秸秆综合利用试点　促进耕地质量提升工作的通知》（农办财〔2016〕39号）	地方政府是秸秆综合利用和秸秆禁烧的责任主体
农业农村部办公厅《关于全面做好秸秆综合利用工作的通知》（农办科〔2019〕20号）	落实工作责任。地方各级人民政府是秸秆综合利用的责任主体。各省农业农村部门要按照权责一致的原则，落实相关单位和主体的责任，将各项任务分解落实到具体单位和主体，协同解决重大问题，努力形成工作合力，建立齐抓共管、上下联动的工作机制。秸秆综合利用重点县要扎实做好基础工作，统筹整合相关资源，做好县域内秸秆综合利用主体的服务与管理

为了使“疏堵结合，以疏为主”的秸秆禁烧和综合利用指导方针得以有效落实，充分发挥“以用促禁”的作用，2005年，国家环境保护总局、农业部、财政部、铁道部、交通部和中国民航总局联合发布的《关于进一步做好秸秆禁烧和综合利用工作的通知》（环发〔2005〕52号）明确提出，将秸秆禁烧与秸秆综合利用共同作为各级政府工作的责任，并提出“建立秸秆禁烧和综合利用工作目标管理责任制，把责任具体落实到市县和乡镇人民政府”的具体要求。自此以后，这一行政要求得以反复强调，并提出明确职责分工、加强考核与问责等方面的要求（具体见表5-1）。尤其是国务院办公厅《关于加快推进农作物秸秆综合利用的意见》（国办发〔2008〕105号）提出的“地方各级人民政府是推进秸秆综合利用和秸秆禁烧工作的责任主体”的具体要求，更是将秸秆综合利用的责任主体直接确定为“地方各级人民政府”。

2019 年，农业农村部办公厅《关于全面做好秸秆综合利用工作的通知》（农办科〔2019〕20 号）再次明文强调“地方各级人民政府是秸秆综合利用的责任主体”。

随着工作的不断深入，秸秆综合利用已经牢固树立为地方各级人民政府的重要职责，日益成为推进节能减排、发展循环经济、治理大气污染、促进生态文明建设的重要抓手，不断取得卓越的成效。

二、国家系列行政规范性文件对政策扶持与市场运作等秸秆综合利用行政指导原则的各自表述

2008 年国务院办公厅《关于加快推进农作物秸秆综合利用的意见》（国办发〔2008〕105 号）率先提出了“政策扶持，公众参与”的秸秆综合利用指导原则。自此以后，在国家各部门发布的系列行政规范性文件中，又相继提出了“市场导向，政策扶持”“市场运作，政府扶持”的秸秆综合利用指导原则，具体如表 5－2 所示。

表 5－2　国家系列行政规范性文件有关政策扶持与市场运作的秸秆综合利用指导原则及其具体表述

文件名称	指导原则	具体表述
国务院办公厅《关于加快推进农作物秸秆综合利用的意见》（国办发〔2008〕105 号）	政策扶持，公众参与	加大政策引导和扶持力度，利用价格和税收杠杆调动企业和农民的积极性，形成以政策为导向、企业为主体、农民广泛参与的长效机制

（续）

文件名称	指导原则	具体表述
国家发展和改革委员会和农业部《关于编制秸秆综合利用规划的指导意见》（发改环资〔2009〕378号）	政策扶持，公众参与	统筹考虑国家对秸秆综合利用的扶持政策情况，进一步加大政策引导和扶持力度，充分发挥市场配置资源的作用，鼓励社会力量积极参与，形成以市场为基础、政策为导向、企业为主体、农民广泛参与的长效机制
国家发展和改革委员会、农业部、财政部《“十二五”农作物秸秆综合利用实施方案》（发改环资〔2011〕2615号）	市场导向，政策扶持	充分发挥市场配置资源的作用，鼓励社会力量积极参与，建立以市场为导向，企业为主体，农民积极参与的长效机制。深入研究完善相关配套政策措施，加大引导和扶持力度
国家发展和改革委员会和农业部《关于编制“十三五”秸秆综合利用实施方案的指导意见》（发改办环资〔2016〕2504号）	市场导向，政策扶持	充分发挥市场在资源配置中的决定性作用，建立以市场为导向、企业为主体、农民积极参与的长效机制。加大政策扶持力度，深入研究完善秸秆收储运体系、秸秆利用终端补贴等配套政策
农业部办公厅和财政部办公厅《关于开展农作物秸秆综合利用试点　促进耕地质量提升工作的通知》（农办财〔2016〕39号）	市场运作，政府扶持	充分发挥农民、社会化服务组织和企业的主体作用，通过政府引导扶持，调动全社会参与积极性，打通利益链，形成产业链，实现多方共赢
农业部《东北地区秸秆处理行动方案》（农科教发〔2017〕9号）	市场导向，政策扶持	充分发挥市场在资源配置中的决定性作用，建立以市场为导向、企业为主体、农民积极参与的长效机制。加大政策创设力度，完善秸秆收储运、加工利用等配套政策

由表5-2可见，在国家各部门发布的6个行政规范性文件中始终坚持了“政策扶持”的指导原则，对其具体表述亦始终不离两点：一是加大政策引导；二是加大扶持力度。

按照“政策扶持”的指导原则，国家各部门制定并实施了一系列的以秸秆综合利用为专项或直接关乎秸秆综合利用的国家扶持政策，具体包括投资扶持政策、税收优惠政策、市场调控政策、信贷优惠政策、用地用电政策、“绿色通道”政策等，对此将在本章以下各节中进行分别论述。

在国家各部门发布的6个行政规范性文件中，与“政策扶持”原则相关联，分别有2次、1次和3次将“公众参与”“市场运作”“市场导向”作为秸秆综合利用的指导原则。这些看似不同的原则，在市场配置资源、企业为主体、农民积极参与等方面有着大致相同的要求，更主要的是都将建立秸秆综合利用的长效机制作为终极目标。由表5-2中对各原则的具体表述来看，它们的不同之处主要体现在：“政策扶持，公众参与”强调的是“以政策为导向”；“市场导向，政策扶持”或“市场运作，政府扶持”强调的是“以市场为导向”。

“政策”和“市场”是建立秸秆综合利用长效机制的两个重要引擎。“以政策为导向”就是以政策扶持为导向，通过加大政策引导和扶持力度，调动企业和农民的积极性，引导社会资本向秸秆利用产业集聚，推动形成布局合理、多元利用的产业化发展格局，进而使秸秆综合利用在推进节能减排、发展循环经济、治理大气污染、促进生态文明建设等方面的公益性得以充分发挥。

“以市场为导向”就是以市场需求为导向，企业根据市场需求进行人财物、信息技术等资源的配置，合理安排秸秆产业经营活动，并提供客户满意的服务，获取最大利润，进而实现秸秆的产业化、高值化利用和企业的持续稳定发展。

在市场经济的形势下，要建立秸秆综合利用的长效机制，必须注重其经济效益，让企业家们看到秸秆综合利用不只是一项公益性事业，还是一项有利可图的产业。政府主要从“公益性事业”的属性出发开展政策扶持，企业家主要从“有利可图”的市场经济规律出发开展产业运作；政府的政策扶持为企业发展提供良好的发展条件，企业的良好运行为国家做出“公益性”贡献。在经济可行的条件下，政府的“政策扶持”与企业的“市场运作”才能相得益彰！

随着实践的发展，国家各部门对建立秸秆综合利用长效机制的行政指导要求越来越明晰。2016 年农业部办公厅和财政部办公厅《关于开展农作物秸秆综合利用试点　促进耕地质量提升工作的通知》（农办财〔2016〕39 号）提出的“打通利益链，形成产业链，实现多方共赢”可作为建立秸秆综合利用长效机制的总体要求。2019 年农业农村部办公厅印发的《关于全面做好秸秆综合利用工作的通知》（农办科〔2019〕20 号）对这一总体要求做了更为精确的表述，即“建立健全政府、企业与农民三方共赢的利益链接机制”。

对于秸秆综合利用的市场主体，各行政规范性文件主要强调的是企业。但就秸秆综合利用的实践来看，各类农机合作社以及秸秆销售经纪人等社会化服务组织，在秸秆机械化还田和秸秆收储运等领域却发挥着更为重要的作用。另外，不少养殖大户和食用菌种植大户也以秸秆为主要的生产原料（饲草料和基料），在秸秆产业化利用中具有不可或缺的作用。因此，秸秆综合利用的市场化运作，在强调以“企业为主体”的同时，亦应将社会化服务组织、种养大户等新型农业经营主体包括在内。

现行的国家行政指导政策一再将农民作为秸秆资源市场配置的参与者，主要是从农民作为秸秆处置的受服务对象来考虑的。与之不同的是，农业部办公厅和财政部办公厅联合印发的《关于开展农作物秸秆综合利用试点　促进耕地质量提升工作的通知》（农办财〔2016〕39号）明确提出了要“充分发挥农民、社会化服务组织和企业的主体作用”的要求，即将“农民、社会化服务组织和企业”共同作为秸秆综合利用的主体。该文件虽然没有明确农民在秸秆综合利用中的市场主体地位，但强调了农民在秸秆综合利用中的主体作用，而非单纯的“受服务对象”。

三、农作物秸秆综合利用投资扶持政策

（一）国家系列行政规范性文件对加大秸秆综合利用投资扶持的要求

早在1998年，农业部等五部门联合发布的《关于严禁焚烧秸秆保护生态环境的通知》（农环能〔1998〕1号）中就明确提出了“加大投入力度，支持开展秸秆综合利用的技术开发、试点示范和技术培训，支持开发利用秸秆的企业，扩大秸秆综合利用途径，提高技术装备水平”的要求。自此以后，国家各部门发布的系列行政规范性文件大都将加大投资扶持作为秸秆综合利用政策扶持的基本要求，不断明晰投资扶持重点，拓展投资扶持范围。同时，提出了开展资金统筹整合、鼓励和引导社会资本投资秸秆综合利用的要求。具体如表5-3所示。

表 5－3 国家系列行政规范性文件对秸秆综合利用投资扶持的主要要求

文件名称	投资扶持政策
农业部、财政部、交通部、国家环境保护总局、中国民航总局《关于严禁焚烧秸秆保护生态环境的通知》（农环能〔1998〕1号）	各级政府部门要结合实际，制定秸秆禁烧及综合利用计划和实施方案，加大投入力度，支持开展秸秆综合利用的技术开发、试点示范和技术培训，支持开发利用秸秆的企业，扩大秸秆综合利用途径，提高技术装备水平，保障工作的顺利开展
国家环境保护总局、农业部、科学技术部、共青团中央《关于印发全国秸秆禁烧和综合利用工作会议领导讲话的通知》（环发〔2000〕136号）	张宝文在《总结经验，齐抓共管，进一步做好秸秆禁烧和综合利用工作》的讲话中提出：加大对秸秆综合利用技术开发与示范的支持力度，在秸秆直接还田机械设备开发、秸秆青贮氨化技术示范、秸秆气化集中供气技术示范等方面要投入必要的资金和技术力量，使我国农作物秸秆综合利用技术水平上一个新台阶
农业部《关于进一步加强农作物秸秆综合利用工作的通知》（农机发〔2003〕4号）	整合种植业、畜牧业、农机化、科教等各部门的资源，围绕重点区域、主要作物，发挥优势，集中投入，建立各类综合利用技术示范区，并认真总结经验，探索经济有效的秸秆综合利用运行机制
国家环境保护总局《关于加强秸秆禁烧和综合利用工作的通知》（环发〔2003〕78号）	进一步加大对秸秆综合利用的支持力度，积极研究、开发、推广秸秆综合利用技术
国家环境保护总局、农业部、财政部、铁道部、交通部和中国民航总局《关于进一步做好秸秆禁烧和综合利用工作的通知》（环发〔2005〕52号）	财政部门要鼓励、支持秸秆综合利用产业发展。各地要结合各自实际制定扶持政策，引导、鼓励农民及社会力量对秸秆综合利用进行投资，促进秸秆综合利用产业化，实现生态效益、社会效益和经济效益的有机统一
农业部办公厅《关于进一步加强秸秆综合利用禁止秸秆焚烧的紧急通知》（农办机〔2007〕20号）	要积极争取投入，引导项目投资向秸秆综合利用倾斜，通过扶持引导基层服务组织的发展，加快各种综合利用技术的推广应用

（续）

文件名称	投资扶持政策
国务院办公厅《关于加快推进农作物秸秆综合利用的意见》（国办发〔2008〕105号）	加大资金投入。研究制定政策引导、市场运作的产业发展机制，不断加大资金投入力度。对秸秆发电、秸秆气化、秸秆燃料乙醇制备技术以及秸秆收集储运等关键技术和设备研发给予适当补助。将秸秆还田、青贮等相关机具纳入农机购置补贴范围。对秸秆还田、秸秆气化技术应用和生产秸秆固化成型燃料等给予适当资金支持。鼓励和引导社会资本投入
国家发展和改革委员会、农业部、财政部《“十二五”农作物秸秆综合利用实施方案》（发改环资〔2011〕2615号）	研究完善秸秆肥料化、饲料化、原料化、能源化利用扶持政策；加大各级政府及相关部门资金支持力度，引导社会力量和资金投入，建立多渠道、多层次、多方位的融资机制
国家发展和改革委员会、农业部、环境保护部《关于加强农作物秸秆综合利用和禁烧工作的通知》（发改环资〔2013〕930号）	加大政策支持力度。充分利用现有秸秆综合利用财政、税收、价格优惠激励政策，加大对农作物收获及秸秆还田收集一体化农机的补贴力度，提高还田和收集率，扩大秸秆养畜、保护性耕作、秸秆代木、能源化利用等秸秆综合利用支持规模；研究秸秆收储运体系建设激励措施；探索秸秆综合利用重点区域支持政策；研究建立秸秆还田或打捆收集补助机制，深入推动秸秆还田、养畜、秸秆代木、食用菌生产、秸秆固化成型、秸秆炭化等不同途径利用
国家发展和改革委员会、农业部《关于深入推进大气污染防治重点地区及粮棉主产区秸秆综合利用的通知》（发改环资〔2014〕116号）	按照农机补贴政策，把秸秆粉碎或打捆相关设备列入农机补贴范围
国家发展和改革委员会、农业部、财政部《京津冀及周边地区秸秆综合利用和禁烧工作方案（2014—2015年）》（发改环资〔2014〕2231号）	研究梳理现有秸秆综合利用扶持政策，加大秸秆综合利用项目资金投入力度。 实施秸秆机械还田补贴项目，对实施秸秆机械粉碎、破茬、深耕和耙压等机械化还田作业的农机服务组织进行定额补贴

（续）

文件名称	投资扶持政策
国家发展和改革委员会、财政部、农业部、环境保护部《关于进一步加快推进农作物秸秆综合利用和禁烧工作的通知》（发改环资〔2015〕2651号）	各地要做好统筹规划，坚持市场化的发展方向，在政策、资金和技术上给予支持，通过建立利益导向机制，支持秸秆代木、纤维原料、清洁制浆、生物质能、商品有机肥等新技术的产业化发展，完善配套产业及下游产品开发，延伸秸秆综合利用产业链。 完善落实有利于秸秆利用的经济政策。财政投入方面，各地可根据实际情况，统筹各方面资金加大秸秆有机肥、秸秆还田、秸秆养畜补贴力度，以及对秸秆综合利用项目给予支持。秸秆焚烧严重的地区，要加大财政性资金支持力度，用于秸秆综合利用和禁烧工作
农业部办公厅和财政部办公厅《关于开展农作物秸秆综合利用试点　促进耕地质量提升工作的通知》（农办财〔2016〕39号）	农作物秸秆综合利用试点采取“以奖代补”方式，中央财政根据试点省秸秆综合利用情况予以适当补助，补助资金由试点省根据试点任务自主安排，用于支持秸秆综合利用的重点领域和关键环节。开展地力培肥及退化耕地治理的地区，可采取物化补助和购买服务相结合的方式，促进社会化服务组织发展。 强化资金监管。各级财政、农业部门要切实强化资金监管，提高资金使用效率，不得擅自调剂或挪用，对骗取套取、挤占挪用补助资金的，要依法依规严肃处理。要统筹利用好农机购置补贴、农业适度规模经营、农业生产全程社会化服务、农村一二三产业融合发展等政策措施，综合施策，形成推动耕地质量保护与提升的强大合力
农业部《东北地区秸秆处理行动方案》（农科教发〔2017〕9号）	贯彻落实好国家发展改革委、财政部、农业部、环境保护部《关于进一步加快推进农作物秸秆综合利用和禁烧工作的通知》要求，推动地方落实财政投入等政策
农业农村部办公厅《关于全面做好秸秆综合利用工作的通知》（农办科〔2019〕20号）	鼓励各地统筹利用各类涉农政策，探索建立区域性补偿制度，提高补偿政策的指向性、精准性和实效性

1. 国家系列行政规范性文件对加大秸秆综合利用投资扶持重点的要求

随着实践的发展，我国对秸秆综合利用投资扶持的行政指导要求日趋完善。由表 5－3 可见，在国家各部门所提出的秸秆综合利用投资扶持重点大致可归纳为如下六个方面：一是关键技术和装备研发；二是技术推广和试点示范；三是秸秆收储运体系建设；四是秸秆产业化利用；五是秸秆还田；六是农机购置补贴。早期的投资扶持政策主要聚焦于头两个方面，后期逐步拓展到后四个方面。而且，不少投资扶持政策都是在国务院办公厅《关于加快推进农作物秸秆综合利用的意见》（国办发〔2008〕105 号）中首先提出或在其之后提出，并得以逐步完善的。

（1）在关键技术和装备研发、技术推广和试点示范方面。各文件从加大投资扶持的角度提出的秸秆利用技术包括秸秆还田技术、秸秆有机肥技术、秸秆青贮氨化技术、秸秆气化技术、秸秆固化成型燃料技术、秸秆发电技术、秸秆燃料乙醇制备技术、秸秆代木技术、秸秆纤维原料技术、秸秆清洁制浆技术、秸秆收集储运技术等。

（2）在秸秆收储运方面。各文件从加大投资扶持的角度对秸秆收储运的要求相当薄弱，现仍局限于政策创设层面。在国务院办公厅《关于加快推进农作物秸秆综合利用的意见》（国办发〔2008〕105 号）明确提出对“秸秆收集储运等关键技术和设备研发给予适当补助”的要求之后，只有 2013 年国家发展和改革委员会、农业部、环境保护部联合印发的《关于加强农作物秸秆综合利用和禁烧工作的通知》（发改环资〔2013〕930 号）从创设投资扶持政策的角度，对秸秆收储运提出两条原则性的要求：

一是研究秸秆收储运体系建设激励措施；二是研究建立秸秆打捆收集补助机制。

此后，国家发展和改革委员会和农业部《关于编制“十三五”秸秆综合利用实施方案的指导意见》（发改办环资〔2016〕2504号）和农业部《东北地区秸秆处理行动方案》（农科教发〔2017〕9号），也都是从创设投资扶持政策的角度，在其指导原则中分别提出“深入研究完善秸秆收储运体系”和“完善秸秆收储运”等配套政策的要求，具体如表5-2所示。

（3）在秸秆产业化利用方面。自农业部、财政部、交通部、国家环境保护总局、中国民航总局联合印发的《关于严禁焚烧秸秆保护生态环境的通知》（农环能〔1998〕1号）提出“加大投入力度……支持开发利用秸秆的企业，扩大秸秆综合利用途径，提高技术装备水平”的要求后，时隔10年，国务院办公厅《关于加快推进农作物秸秆综合利用的意见》（国办发〔2008〕105号）才再次提出“研究制定政策引导、市场运作的产业发展机制，不断加大资金投入力度”的产业扶持总体要求以及对“秸秆气化技术应用和生产秸秆固化成型燃料等给予适当资金支持”的产业扶持具体要求。

此后，国家发展和改革委员会、农业部、环境保护部联合印发的《关于加强农作物秸秆综合利用和禁烧工作的通知》（发改环资〔2013〕930号）从加大政策支持力度的角度提出：充分利用现有政策，扩大秸秆养畜、秸秆代木、能源化利用等秸秆综合利用支持规模；深入推动秸秆养畜、秸秆代木、食用菌生产、秸秆固化成型、秸秆炭化等不同途径利用。同时提出：加强秸秆综合利用能力建设，探索形成适合当地秸秆资源化利用的管理模式

和技术路线，推动秸秆综合利用规模化、产业化发展。

2015年，国家发展和改革委员会、财政部、农业部、环境保护部联合发布的《关于进一步加快推进农作物秸秆综合利用和禁烧工作的通知》（发改环资〔2015〕2651号），首先从统筹规划的角度提出，各地要坚持市场化的发展方向，在政策、资金和技术上给予支持，通过建立利益导向机制，支持秸秆代木、纤维原料、清洁制浆、生物质能、商品有机肥等新技术的产业化发展；其次从财政投入的角度提出，各地可统筹各方面资金加大秸秆有机肥、秸秆养畜补贴力度，以及对秸秆综合利用项目给予支持。

由上可见，在关键技术和装备研发、技术推广和试点示范的基础上，国家各部门提出的需要加以投资扶持的产业门类越来越齐全。

（4）在秸秆还田方面。在国务院办公厅《关于加快推进农作物秸秆综合利用的意见》（国办发〔2008〕105号）最早提出“对秸秆还田……给予适当资金支持”和国家发展和改革委员会、农业部、环境保护部《关于加强农作物秸秆综合利用和禁烧工作的通知》（发改环资〔2013〕930号）提出“研究建立秸秆还田……补助机制”的基础上，国家发展和改革委员会、农业部、财政部联合印发的《京津冀及周边地区秸秆综合利用和禁烧工作方案（2014—2015年）》（发改环资〔2014〕2231号）针对京津冀及周边地区秸秆综合利用，明确提出“实施秸秆机械还田补贴项目，对实施秸秆机械粉碎、破茬、深耕和耙压等机械化还田作业的农机服务组织进行定额补贴”的要求。进而，国家发展和改革委员会、财政部、农业部、环境保护部联合发布的《关于进一步加快推进农作物秸秆综合利用和禁烧工作的通知》（发改环资〔2015〕2651号）从完善落实秸秆综合利用经济政策的角度明确提出，各地可根据实际情况，统筹各方面资金，加大秸秆还田补贴力度。

（5）在农机购置补贴方面。在国务院办公厅《关于加快推进农作物秸秆综合利用的意见》（国办发〔2008〕105号）最早提出“将秸秆还田、青贮等相关机具纳入农机购置补贴范围”的政策要求之后，国家发展和改革委员会、农业部、环境保护部联合印发的《关于加强农作物秸秆综合利用和禁烧工作的通知》（发改环资〔2013〕930号）再次提出“各地农业部门要建立农作物收获机械准入制度，所有收获机械必须配备秸秆粉碎或打捆相关设备；各地要按照农机补贴政策，把秸秆粉碎或打捆相关设备列入农机补贴目录”的政策要求，同时提出“充分利用现有秸秆综合利用财政、税收、价格优惠激励政策，加大对农作物收获及秸秆还田收集一体化农机的补贴力度”。紧随其后，国家发展和改革委员会、农业部联合印发的《关于深入推进大气污染防治重点地区及粮棉主产区秸秆综合利用的通知》（发改环资〔2014〕116号）再次提出“按照农机补贴政策，把秸秆粉碎或打捆相关设备列入农机补贴范围”的要求。

2. 国家系列行政规范性文件对开展秸秆综合利用资金筹措的要求

开展涉农资金统筹整合，聚集资金对秸秆综合利用重点项目进行集中投放，是加大秸秆综合利用投资扶持的有效手段。

由表5-3可见，在国家各部门发布的系列行政规范性文件中，农业部办公厅《关于进一步加强秸秆综合利用禁止秸秆焚烧

的紧急通知》（农办机〔2007〕20号）最早提出了“要积极争取投入，引导项目投资向秸秆综合利用倾斜”的原则性要求。

国家各部门对涉农资金统筹整合的行政指导要求主要集中于最近几年，而且各有侧重。首先是国家发展和改革委员会、财政部、农业部、环境保护部联合发布的《关于进一步加快推进农作物秸秆综合利用和禁烧工作的通知》（发改环资〔2015〕2651号）提出“各地可根据实际情况，统筹各方面资金加大秸秆有机肥、秸秆还田、秸秆养畜补贴力度，以及对秸秆综合利用项目给予支持”。该要求主要指明了统筹资金的使用方向。

其次是农业部办公厅和财政部办公厅联合印发的《关于开展农作物秸秆综合利用试点促进耕地质量提升工作的通知》（农办财〔2016〕39号）提出“要统筹利用好农机购置补贴、农业适度规模经营、农业生产全程社会化服务、农村一二三产业融合发展等政策措施，综合施策，形成推动耕地质量保护与提升的强大合力”。该文从推动耕地质量保护与提升的要求出发，指出了涉农资金统筹整合的主要来源。

再次是农业农村部办公厅《关于全面做好秸秆综合利用工作的通知》（农办科〔2019〕20号）提出“鼓励各地统筹利用各类涉农政策，探索建立区域性补偿制度，提高补偿政策的指向性、精准性和实效性”。这一要求，对进一步提升我国秸秆综合利用扶持政策尤其是投资扶持政策的导向作用，建立健全政府、企业与农民三方共赢的利益链接机制，具有重要的指导意义。

从进一步完善国家行政指导政策的角度来看，应切实按照农办科〔2019〕20号文“探索建立区域性补偿制度”的要求，在总结全国各地经验的基础上，对秸秆综合利用涉农资金统筹整合方式提出更为具体的要求，并推介一批可复制、可推广的涉农资金统筹整合使用经验模式。

3. 国家系列行政规范性文件对鼓励和引导社会资本投资秸秆综合利用的要求

政府投资扶持对建立利益导向机制，鼓励和引导社会资本向秸秆利用产业集聚具有重要的作用。

2005年，国家环境保护总局、农业部、财政部、铁道部、交通部和中国民航总局《关于进一步做好秸秆禁烧和综合利用工作的通知》（环发〔2005〕52号）最早提出“各地要结合各自实际制定扶持政策，引导、鼓励农民及社会力量对秸秆综合利用进行投资，促进秸秆综合利用产业化”的要求。2008年，国务院办公厅《关于加快推进农作物秸秆综合利用的意见》（国办发〔2008〕105号）从加大资金投入的角度，提出“鼓励和引导社会资本投入”的原则性要求。2011年，国家发展和改革委员会、农业部、财政部《“十二五”农作物秸秆综合利用实施方案》（发改环资〔2011〕2615号）从完善政策措施的角度，提出“加大各级政府及相关部门资金支持力度，引导社会力量和资金投入，建立多渠道、多层次、多方位的融资机制”的要求。

由上可知，目前，国家各部门对鼓励和引导社会资本投资秸秆综合利用的行政指导要求大都是原则性的。为鼓励和引导社会资本向秸秆利用产业集聚，国家各部门，一要在不断完善各项优惠政策的基础上，确保各项优惠政策的持续稳定；二要对各级地方政府贯彻落实国家各项优惠政策提出严格要求，并将政策执行状况和吸纳社会资本投入效果作为地方各级人民政府秸秆综合利用绩效考核的主要内容。

（二）秸秆综合利用国家投资扶持项目

根据国家政策要求，国家各部门曾经或现实设立的秸秆综合利用投资扶持项目主要有三个方面的来源：一是财政部和农业部秸秆综合利用试点项目（2016年始）；二是国家农业综合开发农业部专项秸秆养畜项目（2015年前）和农业可持续发展示范项目（2016年后）；三是国家发展和改革委员会资源节约和环境保护中央预算内投资秸秆综合利用示范项目（2017年前）和秸秆热解气化清洁能源利用工程建设项目（2018年后）。

1. 财政部和农业部秸秆综合利用试点项目

为了贯彻落实中央1号文件精神和中央关于加强生态文明建设的战略部署，推动地方进一步做好秸秆禁烧和综合利用工作，保护和提升耕地质量，实现“藏粮于地、藏粮于技”，2016年农业部办公厅、财政部办公厅联合发布了《关于开展农作物秸秆综合利用试点　促进耕地质量提升工作的通知》（农办财〔2016〕39号），明确提出中央财政采用“以奖代补”的方式，围绕加快构建环京津冀生态一体化屏障的重点区域，选择农作物秸秆焚烧问题较为突出的河北、山西、内蒙古、辽宁、吉林、黑龙江、江苏、安徽、山东、河南10个省份开展秸秆综合利用试点。试点省份要结合本地实际，选择部分重点县，采用整县推进方式开展秸秆综合利用试点，集中投入，提高试点效率。

试点目标要求：通过开展秸秆综合利用试点，秸秆综合利用率达到90%以上或在上年基础上提高5个百分点，基本杜绝露天焚烧；秸秆直接还田和过腹还田水平大幅提升；耕地土壤有机质含量平均提高1%，耕地质量明显提升；秸秆能源化利用得到加强，农村环境得到有效改善；探索出可持续、可复制推广的秸秆综合利用技术路线、模式和机制。

试点主要任务：一是坚持农用为主，促进耕地有机质提升。对秸秆综合利用亟须的农机装备进行应补尽补，促进种养结合，推动秸秆机械化还田、生物腐熟还田、养畜过腹还田，进一步提高肥料化、饲料化综合利用率。二是因地制宜发展以秸秆为原料的农村沼气集中供气工程、秸秆成型燃料、秸秆食用菌种植等能源化、燃料化和基料化利用工作。三是提高秸秆工业化利用水平。坚持市场主导、政府引导的原则，对已经形成一定产业规模的生物质燃油、乙醇、秸秆发电、秸秆多糖、秸秆淀粉、造纸、板材等，在现有政策基础上，积极研究加快产业扩张和技术扩散的政策措施，进一步提高秸秆工业化利用率和利用水平。四是充分发挥社会化服务组织的作用。各地要加快培育发展秸秆收储运等农村社会化服务组织，并将农机购置补贴、粮食适度规模经营、农业生产全程社会化服务、农村一二三产业融合发展等扶持措施与秸秆综合利用有机结合，形成政策合力，做大做强秸秆综合利用的基础平台。

（1）2016年试点工作安排与绩效评价。根据农办财〔2016〕39号文件精神，2016年中央财政共安排10亿元补助资金用于10个试点省份秸秆综合利用试点。经各试点省份农业主管部门组织专家评审并报农业部、财政部批准，10个试点省份共选定了90个试点县（市、区、旗）（表5-4），平均每个试点县（市、区、旗）可获得中央财政补助资金1 100万元左右。

表 5－4　试点省秸秆综合利用中央财政补助资金安排与试点县（市、区、旗）名单（2016 年）

序号	试点省份	中央财政补助资金安排（万元）	试点县（市、区、旗）	
			数量（个）	名称
1	河北	16 000	11	三河市、平泉县、围场县、威县、望都县、卢龙县、永年区、赤城县、滦县、故城县、鹿泉区
2	山西	14 000	13	忻府区、朔城区、平遥县、芮城县、文水县、原平市、闻喜县、应县、盂县、尧都区、寿阳县、襄垣县、阳曲县
3	内蒙古	14 000	5	扎赉特旗、科尔沁右翼前旗、科尔沁右翼中旗、突泉县、乌兰浩特市
4	辽宁	8 000	6	浑南区、于洪区、康平县、法库县、阜新蒙古族自治县、彰武县
5	吉林	8 000	8	农安县、德惠市、榆树市、九台区、双阳区、梨树县、公主岭市、伊通县
6	黑龙江	8 000	18	呼兰区、阿城区、松北区、宾县、巴彦县、双城区、五常市、拜泉县、桦南县、东风区、林甸县、肇源县、安达市、肇东市、兰西县、青冈县、绥棱县、北林区
7	江苏	8 000	9	六合区、沛县、睢宁县、启东市、海门市、金湖县、东台市、高邮市、兴化市
8	安徽	8 000	5	凤阳县、灵璧县、寿县、临泉县、霍邱县
9	山东	8 000	7	滨城区、曲阜市、岱岳区、兰陵县、诸城市、成武县、齐河县
10	河南	8 000	8	新密市、孟津县、洛宁县、卫辉市、淇县、沁阳市、修武县、光山县
合计		10 亿元	90	

为了总结各地工作成效，解决存在问题，强化地方政府责任，实现资金安排“有增有减”、试点县“有进有退”，建立健全动态管理的激励约束机制，根据财政部办公厅和农业部办公厅《关于开展农作物秸秆综合利用试点补助资金绩效评价工作的通知》（财办农〔2015〕150号），在各省自评的基础上，2017年2月中旬至4月中旬，财政部、农业部组织7个评价组，采取座谈会、实地考察、问卷调查、数据核查、查证复核等方式，对2016年10个试点省份的秸秆综合利用试点工作进行了绩效评价，评价结果在财政部农业司网站上进行了公开报道。其中，关于试点工作的主要成效如专栏5-1所示。

专栏5-1

2016年全国农作物秸秆综合利用试点工作主要成效

（节选自财政部农业司《2016年中央财政农作物秸秆综合利用试点补助资金绩效评价情况》）

财政部、农业部启动实施的农作物秸秆综合利用试点工作，极大地调动了地方政府、市场主体和广大农户的积极性，试点工作取得了一定成效，主要是：

1. 秸秆综合利用率显著提高

试点县秸秆综合利用率均达到90%以上或在上年基础上提高了5个百分点，完成了试点目标任务，带动了区域秸秆综合利用率的整体提升。如山东省实地考察的试点县曲阜市、岱岳区、齐河县、滨城区秸秆综合利用率分别达到96%、90.24%、

93.73%、95.23%，基本实现秸秆全量化综合利用。从试点省份火点数来看，2016年10个试点省份火点数为11 624个，较2015年降低了32%，表明秸秆综合利用试点在减少秸秆露天焚烧方面起到了积极作用。

2. 农户节本增收效果明显

通过问卷调查数据统计，通过试点，农户节本增收率均达到5%以上，相关秸秆利用经营主体和服务主体也进一步拓展了市场、增加了效益、提升了发展能力，试点地区农户、企业、合作社对政策的满意度均超过90%。农户们普遍反映，中央试点的政策好，不仅解决了他们头疼的秸秆出路问题，而且还增加了他们收入，提高了耕地肥力，真是一举多得、变废为宝。

3. 社会化服务组织加快发展

试点地区注重培育发展秸秆收储运等社会化服务组织，做大做强秸秆综合利用的基础平台，着力解决秸秆从田间到车间的“最后一公里”难题。如江苏省睢宁县将97%的中央财政资金集中用于支持秸秆收储运组织建设，用于新建秸秆收储中心和购置收集打捆机械；海门市建立了“组收集、村转运、区镇加工”的秸秆收储运输体系，全市12个区镇建立了11个秸秆收储中心，解决了单个农户难以解决的问题，有效提高了秸秆综合利用水平。

4. 秸秆利用技术模式初步构建

各试点省份均建立了技术支撑和全程技术服务的工作机制，加强秸秆综合利用技术研究推广。各试点县注重总结技术模式，推动形成本区域秸秆处理利用主推模式。如安徽省探索出了寿县秸秆分级利用联产模式、霍邱县秸秆沼气能源化利用和饲料化利用模式、灵璧县秸秆清洁制浆造纸循环综合利用产业化模式、临泉县秸秆制生物质天然气产业化模式和凤阳县秸秆炭基肥及气化发电联产技术模式等。山东省探索出了曲阜市“秸秆全量化机械还田＋深耕深松技术＋秸秆快腐和免耕播种配套”技术模式，岱岳区秸秆粉碎、深松、旋耕整地、小麦精播、镇压“五位一体”机械深松精细化还田技术模式，齐河县“机械化收获＋精细化还田＋撒施秸秆腐熟剂＋增施尿素＋深耕作业＋旋耕作业”秸秆精细化全量还田技术模式，兰陵县标准化秸秆收储中心“全覆盖”模式等。这些模式的提炼和形成，为推进秸秆综合利用奠定了良好的基础。

5. 秸秆综合利用工作机制初步建立

试点地区不断强化组织领导，将秸秆禁烧和综合利用由部门行为上升为政府行为，构建起政府主导、部门联动、多元主体参与的工作格局。黑龙江省建立了由省领导挂帅，农业、发改、财政、环保等相关部门参与的联席会议制度，统筹协调，各司其职，合力推进秸秆综合利用工作。各试点省份均加大了对国家关于秸秆综合利用用电、用地、税收优惠等政策的落实力度，同时在农机购置、交通运输、收储运体系建设等方面出台针对性的配套政策，不断为秸秆综合利用提供政策红利。

尽管农作物秸秆综合利用试点工作取得了一定的成效，但也存在着一些问题，主要是部分项目推进缓慢、支持内容有

待完善和模式探索还不充分等。下一步财政部、农业部将进一步强化和完善绩效考评，督促各地加快项目的推进速度，完善支持方式，加大试点模式的提炼、推广和宣传，在全社会形成支持秸秆综合利用、杜绝露天焚烧的良好氛围。

（资料来源：财政部农业司网站）

（2）2017年试点工作安排与绩效评价。2017年，中央财政农作物秸秆综合利用试点补助资金增加到13亿元。根据2016年试点绩效评价结果，财政部和农业部暂停了得分居后三位的试点省份的中央财政扶持，同时增补四川、陕西2省作为新的试点省份。另外，根据试点绩效评价结果，对保留下来的7个试点省份的中央财政补助资金额度进行了适当调整。

2018年3月，财政部会同农业部成立工作组，对实施2017年农作物秸秆综合利用试点的内蒙古、辽宁、吉林、黑龙江、江苏、安徽、山东、四川、陕西9个试点省份开展了绩效评价。据财政部农业司报道：2017年中央财政农作物秸秆综合利用试点绩效评价情况总体良好。从总体上看，各试点省份试点工作组织保障有力，政策落实到位，资金使用合理，项目整体进展顺利，总体上达到了预期效果。试点区内秸秆焚烧情况得到有效控制，所有试点县秸秆综合利用率均达到90%以上或比上年提高5个百分点；每个试点县秸秆还田、利用和收储运等社会化服务组织整体达到5个（含）以上。各试点省份建立了较为完善的秸秆综合利用体系，提炼形成了县域可复制、可推广的综合利用模式，取得了良好的社会、经济和生态效益。

从分省情况看，9个试点省份绩效评价得分均在80分以上，平均得分 89.3 分，其中安徽、山东、辽宁、四川 4 个省得分在 90 分以上。财政部表示，中央财政在安排 2018 年中央财政农作物秸秆综合利用试点资金时，将把 2017 年绩效评价结果作为重要因素，有效推进绩效评价结果运用。

试点工作有效地推动了全国各地尤其是各试点省份秸秆综合利用水平的快速提升。2017 年，全国秸秆综合利用率达 83.68%，其中，河北、山西、江苏、安徽、山东、河南、四川、陕西等 8 个试点省份的秸秆综合利用率都稳定在 86%以上（河北 96.81%、江苏 92%、山西 90.39%、山东 89.59%、安徽 87.30%、河南 87.08%、四川 86.89%、陕西 86.50%）；东北四省、自治区的秸秆综合利用率平均达到 72%（辽宁 84.73%、内蒙古 82.50%、吉林 75.74%、黑龙江 64.10%），较 2016 年提高了近 4 个百分点。

（3）2018 年试点工作安排。农业农村部部长韩长赋指出：2018 年，要以东北、华北玉米秸秆较多的地区为重点，在 150 个县开展秸秆综合利用试点。

农业农村部、财政部印发的《关于做好 2018 年农业生产发展等项目实施工作的通知》（农财发〔2018〕13 号）提出：2018 年继续在农作物秸秆总体产量大的省份和环京津地区开展农作物秸秆综合利用试点，支持实行整县推进。各地要结合本地实际，坚持农用优先、多元利用，探索建立“谁受益谁处理”“秸秆换有机肥”等机制，通过政府培育环境、政策引导，激发秸秆还田、离田、加工利用等各环节市场主体活力，探索可推广、可持续的秸秆综合利用模式，建立秸秆综合利用稳定运行机制。

2018 年，中央财政农作物秸秆综合利用试点补助资金增加

到 15 亿元，试点省份 12 个，即 2016 年的 10 个和 2017 年增补的 2 个。

（4）试点工作展望。2018 年 10 月，农业农村部副部长张桃林《在东北地区秸秆处理行动现场交流会上的讲话》中提出："目前，秸秆综合利用已经到了全面推进的时候，要由试点示范转变为全面铺开。"

根据农业农村部、财政部联合发布的《2019 年重点强农惠农政策》，2019 年农业农村部和财政部将把农作物秸秆综合利用试点工作推向全国。具体要求为："在全国范围内整县推进，坚持农用优先、多元利用，培育一批产业化利用主体，打造一批全量利用样板县。激发秸秆还田、离田、加工利用等各环节市场主体活力，探索可推广、可持续的秸秆综合利用技术路线、模式和机制。"

2019 年农业农村部办公厅《关于全面做好秸秆综合利用工作的通知》（农办科〔2019〕20 号）提出"经研究，决定开始全面推进秸秆综合利用工作"，并要求"各省农业农村部门要遴选一批秸秆资源量大、综合利用潜力大的县（区、市），整县推进秸秆综合利用"，同时对各省（自治区、直辖市）需要建设的秸秆综合利用重点县数量做出如表 5－5 所示的安排。2019 年中央财政将安排 19.5 亿元对各省遴选的重点县的秸秆综合利用进行补助。

表 5－5　农业农村部全国各省（自治区、直辖市）
秸秆综合利用重点县数量安排（2019 年）

省份	北京	天津	河北	山西	内蒙古	辽宁	吉林	黑龙江	上海	江苏	浙江
数量（个）	2	3	14	6	9	8	10	18	1	8	2

（续）

省份	安徽	福建	江西	山东	河南	湖北	湖南	广东	广西	海南	重庆
数量（个）	10	2	5	19	18	7	7	3	5	1	2
省份	四川	贵州	云南	西藏	陕西	甘肃	青海	宁夏	新疆	合计	
数量（个）	7	3	3	1	3	5	1	1	9	193	

试点范围的全国展开和试点工作的不断深入，将强有力地推动我国秸秆综合利用水平的全面快速提升。为此，张桃林《在东北地区秸秆处理行动现场交流会上的讲话》中明确提出："力争到2030年，全国建立完善的秸秆收储运用体系，形成布局合理、多元利用的秸秆综合利用产业化格局，基本实现全量利用。"

2. 国家农业综合开发农业部专项秸秆养畜项目

我国秸秆养畜历史悠久，以秸秆养畜、过腹还田为重要表现形式的农牧结合，早已成为我国农业的优良传统。

我国是一个人口众多、农业资源相对短缺的农业大国，狠抓资源的节约和综合利用，努力提高现有资源的利用率，是加快我国畜牧业和整个农业发展的一项战略性措施。发展秸秆养畜是推动种养业有机结合、发展农业循环经济的关键环节，是保障动物性食品供给、降低粮食安全压力的必然选择，是治理秸秆焚烧的长效手段，是促进农民增收、加快建设社会主义新农村的现实途径，对缓解资源约束、减轻环境压力等都具有十分重要的意义。

我国组织改进秸秆喂饲价值的研究主要是从20世纪80年代中期开始的。随后，在各地农业院校、科研机构、技术推广部门的支持下，进行小规模的试点、示范。1987年联合国粮农组织

（FAO）、联合国开发计划署（UNDP）与中国农业部合作，开始在华实施一批技术合作（TCP）项目，目的在于开发利用丰富的秸秆饲料资源，以减少中国畜牧业对精饲料的依赖。根据协议，联合国聘请一批世界知名的农牧业专家来华工作，中国也派出一批青年专家赴北欧进修，学习秸秆处理及养畜技术。同时，双方还在中原地区选择数县作为秸秆养牛试点。经过三年努力，项目取得完全成功（郭庭双，2003）。

1991年，时任国务院总理李鹏指出："要大力发展饲养业，由秸秆直接还田到'过腹还田'，利用粮食、秸秆养猪、养牛，然后猪粪、牛粪还田，减少化肥施用量，既可以提高土壤肥力，又可以降低生产成本，使农业生产进入良性循环，做到既高产又高效。"1992年，国务院办公厅以国办发〔1992〕30号文的形式转发了农业部《关于大力开发秸秆资源发展农区草食家畜的报告》，决定实施秸秆养畜示范项目，并于当年在河南、山东、安徽、河北、四川、陕西、山西、辽宁、吉林、黑龙江10省安排了10个秸秆养牛示范县。从此，我国秸秆养牛业结束了几十年发展较为缓慢的局面，进入高速发展的新时期。

1996年国务院办公厅又以国办发〔1996〕43号文的形式转发了农业部《关于1996—2000年全国秸秆养畜过腹还田项目发展纲要》，明确提出要加快秸秆养畜示范基地建设，在秸秆养牛取得成功的基础上，加快发展秸秆养羊、养水牛和其他草食家畜，进一步扩大秸秆养畜的范围；加快秸秆养畜、过腹还田项目建设，把秸秆养畜、过腹还田项目纳入国家农业综合开发计划，并根据国家财力增长的情况，逐年增加农业综合开发资金中用于秸秆养畜、过腹还田项目建设的资金，促进秸秆养畜目标的顺利实现。至此，“秸秆畜牧业”开始形成，并成为国家的政策和广大农民的实践（毕于运 等，2010）。1997 年，国务委员陈俊生指出：“综合开发利用好现有的各类非粮食资源，大力发展秸秆养畜，是畜牧业持续发展的根本出路。”

近年来，农业部先后发布了多部与秸秆养畜相关的行政规范性文件，如《全国畜牧业发展第十二个五年规划（2011—2015年)》(农牧发〔2011〕8 号)、《全国节粮型畜牧业发展规划（2011—2020 年)》(农办牧〔2011〕52 号)、《关于促进草食畜牧业加快发展的指导意见》(农牧发〔2015〕7 号)、《全国草食畜牧业发展规划（2016—2020 年)》(农牧发〔2016〕12 号)、《饲料工业“十二五”发展规划》(农牧发〔2011〕9 号)、《饲料工业“十三五”发展规划》(农牧发〔2016〕13 号）等，并对秸秆养畜与秸秆畜牧业发展、秸秆饲料化加工与利用、秸秆养畜示范工程建设提出了各项具体要求。

时至今日，国家农业综合开发农业部专项秸秆养畜项目（简称秸秆养畜项目）已实施了 20 多年。实践表明，该项目主要是在秸秆资源丰富和牛羊养殖量较大的粮食主产区，扶持开展秸秆养畜联户示范、示范场和青贮饲料专业化生产示范建设，重点支持建设秸秆青贮氨化池、购置秸秆处理机械和加工设备、畜禽养殖和秸秆饲料加工基础设施改造以及畜禽品种改良，增强秸秆处理饲用能力，加快推进农作物秸秆资源化利用进程。从近年来农业部办公厅和国家农业综合开发办公室印发的《农业综合开发农业部专项秸秆养畜项目申报指南》来看，秸秆养畜项目主要包括秸秆养畜联户示范、秸秆养畜示范场和秸秆青黄贮饲料专业化生产示范三大工程。其主要申报规定为：

（1）秸秆养畜联户示范工程。以黄淮海肉牛肉羊优势产业带、东北肉牛奶牛优势产业带为重点区域，西北、西南肉牛肉羊集中生产地区为次重点区域，主要建设内容包括建设青贮池（项目青贮池建设总规模不小于 8 000 米^3，单体青贮池建设规模不小于 300 米^3），购置秸秆处理机械、小型饲料加工机械和秸秆处理物资，购买种羊、冻精、胚胎，新建、改建养殖基础设施，开展科技推广培训等。项目中用于养殖基础设施建设和改良体系建设的资金应当全部在自筹资金中列支，改良体系建设的资金只允许购买种羊、冻精、胚胎，且投资额度不得超过财政资金总额的 30%。以县为单位申报项目，每个项目申请中央财政资金规模应控制在 100 万元以内。

（2）秸秆养畜示范场工程。以黄淮海肉牛肉羊优势产业带、东北肉牛奶牛优势产业带为重点区域，西北、西南肉牛肉羊集中生产地区为次重点区域，主要建设内容包括建设青贮池（青贮池规模不小于 8 000 米^3），购置秸秆处理机械、小型饲料加工机械和秸秆处理物资，购买种羊、冻精、胚胎，新建、扩建养殖基础设施，开展科技推广培训等。项目中用于养殖基础设施建设和改良体系建设的资金应当全部在自筹资金中列支，改良体系建设的资金只允许购买种羊、冻精、胚胎，且投资额度不得超过财政资金总额的 30%。每个项目申请中央财政资金规模应控制在 100 万元以内。

（3）秸秆青黄贮饲料专业化生产示范工程。以黄淮海肉牛肉羊优势产业带、东北肉牛奶牛优势产业带为重点区域，主要建设内容包括建设青贮池（建设规模不小于 15 000 米^3，不采用青贮工艺的企业除外），购置秸秆处理机械和物资，建设秸秆饲料加工厂房、厂区道路和库房，开展科技推广培训等。项目建成后，年秸秆加工能力不小于10 000吨。项目建设中用于秸秆饲料加工厂房、厂区道路和库房等设施建设的资金应主要从自筹资金中列支。每个项目申请中央财政资金规模应控制在200万元以内。

上述三项工程，项目单位自筹资金不得低于财政补助资金总规模（即中央财政补助资金与地方财政补助配套资金之和）；地方财政配套比例按照《财政部关于印发〈农业综合开发资金若干投入比例的规定〉的通知》（财发〔2010〕46号）执行所在省的配套比例政策。

3. 国家农业综合开发农业部专项农业可持续发展示范项目

2016年国家农业综合开发农业部专项投资扶持方向做出重大调整，对往年项目有所取舍，并对保留下来的项目进行了整合，同时根据现实发展需求，新增了农业可持续发展方面的项目内容，形成了良种繁育和农业可持续发展示范两大类项目。其中，良种繁育包括农作物良种生产及加工基地、园艺类良种繁育及生产示范基地、畜禽良种繁育3个专项；农业可持续发展示范项目包括区域生态循环农业示范、农副资源饲料化利用、稻渔综合种养基地3个专项。

由表5-6可见，在2016年国家农业综合开发农业部专项投资安排中，区域生态循环农业示范与农副资源饲料化利用专项都包含有秸秆利用的内容，其中，不仅保留了秸秆饲料加工处理和秸秆饲料化利用等秸秆养畜项目的内容，而且增加了秸秆还田、秸秆燃料化利用、秸秆基料化利用等方面的秸秆利用内容。

表 5-6　农业综合开发农业部专项农业可持续发展示范项目对秸秆综合利用的要求（2016 年）

专项名称	与秸秆综合利用相关的内容
区域生态循环农业示范	与生态农业示范基地紧密结合，重点以农药化肥减量施用、养殖废弃物资源化利用和秸秆综合利用为主，推动区域生态循环农业发展，同时根据资源禀赋和产业特点，兼顾资源利用的多样化和废弃物处理的不同方式，促进循环农业发展。主要建设内容如下： （1）种养结合农田消纳基地（略）。 （2）畜禽养殖废弃物处理（略）。 （3）秸秆综合利用。以提高秸秆综合利用率为目标，重点开展秸秆饲料化利用，推动草食畜牧业发展。同时因地制宜推广应用秸秆还田、秸秆成型燃料和食用菌生产等秸秆综合利用技术，配置秸秆还田机械及固化成型、食用菌生产、收集储运等设备，配套秸秆机械还田、秸秆收储运技术体系，实现区域秸秆高效综合利用，有效解决秸秆环境污染问题。具体利用方式为：一是秸秆还田。对秸秆进行机械粉碎、破茬、深耕和耙压，配合建设大田堆沤肥设施，配套翻抛机、粉碎机、转运车、配电柜等设备。培肥地力，推进秸秆肥料化利用。二是秸秆饲料化利用。开展秸秆饲料商品化建设，建设内容包括青贮窖、饲料库房、秸秆处理机械等。三是秸秆燃料化利用。农作物秸秆致密成型工程以秸秆为原料生产成型燃料，建设内容包括投料棚、致密成型车间、成品库等工程，固化成型设备购置包括秸秆粉碎机、成型机组以及配套设备等。四是秸秆基料化利用。以秸秆为原料生产各类食用菌，建设内容主要是菌棚、原料车间等，设备购置包括秸秆粉碎机、菌种制备机械等。本项目支持该利用方式后续废料处理环节。 （4）其他符合当地生态循环农业发展实际的建设内容（略）
农副资源饲料化利用	统筹考虑一定区域内农业生产及加工过程中副产物实际，因地制宜完善农副资源收集、储运体系，综合采取适宜的加工处理方式，开展符合区域农副资源实际的饲料化开发，形成区域农副资源饲料化收储加工利用中心。主要技术路线为：一是（略）。二是应用青贮、气爆、微贮等处理技术对各类农作物秸秆及农副资源进行加工，提高秸秆饲用转化率，结合压块、制粒等工业饲料加工技术，开发以秸秆为原料的商品饲料。三是（略）。四是以玉米、稻谷、大麦、甘蔗、甜菜等作物为重点，形成饲用作物全株青贮收、储、加、销一体化能力，配套建设精料生产设施、购置相关生产设备，生产以全株青贮和其他农副资源为基础的全混合日粮

（续）

专项名称	与秸秆综合利用相关的内容
农副资源饲料化利用	项目建设内容：①农副资源收储。建设中转收储站点或收储设施，购置收储及处理设备。其中，收储站点或收储设施建设主要包括库房、原料堆场、窖池、成品堆场、电增容、道路改造等内容；收储设备主要包括收获、捡拾、打捆、运输、粉碎、压块、裹包、称重、装卸等机械设备。②农副资源饲料化加工。主要包括建设原料加工厂房、产品检验化验室、原料堆场（库房）、成品堆场（库房）、饲料加工车间、饲料成品库房、废水废物处理设施等，购置用于饲料原料、全混合日粮、精饲料生产的成套设备以及运输、称重、检化验、污水处理等辅助仪器设备

资料来源：农业部办公厅、国家农业综合开发办公室《2016 年农业综合开发农业部项目申报指南》（农办计〔2015〕98 号）。

4. 国家发展和改革委员会资源节约和环境保护中央预算内投资秸秆综合利用示范项目

国家发展和改革委员会资源节约和环境保护中央预算内投资项目（简称资环投资项目）是依据《中央预算内投资补助和贴息项目管理暂行办法》（2005 年国家发展和改革委员会令第 31 号）设立的。在《中央预算内投资补助和贴息项目管理暂行办法》实施多年后，国家发展和改革委员会于 2013 年正式发布了《中央预算内投资补助和贴息项目管理办法》（国家发展和改革委员会令第 3 号）。2016 年，国家发展和改革委员会对《中央预算内投资补助和贴息项目管理办法》进行了修订，并以国家发展和改革委员会令第 45 号文的形式进行了再次发布。

早在 2009 年，国家发展和改革委员会就将“以农林废弃物为原料生产木制品及代木产品的木材节约代用项目”纳入资环投资备选项目。

由表5-7可见，2011—2013年，农作物秸秆综合利用示范项目和农林废弃物综合利用示范项目虽然被纳入资环投资选项范围，但具体项目内容仍主要局限于秸秆代木。2011年设立了“棉秆等秸秆专项、特色利用项目”，但具体实施过程中仍主要向棉秆代木倾斜。

2014年和2015年，农作物秸秆综合利用示范项目成为资环投资专题项目，具体项目内容有了很大的丰富，除秸秆代木外，还包括了秸秆收储运体系建设、秸秆炭化、秸秆气化、秸秆固化成型燃料、秸秆纤维原料、秸秆清洁制浆、秸秆生产食用菌、秸秆生产有机肥等项目，但不包括秸秆直燃发电（国家发展和改革委员会另有补贴）和秸秆机械化还田项目。2014年限报17个省（自治区、直辖市），2015年主要限报8个省（自治区、直辖市），具体如表5-7所示。

表5-7还显示，在2012年之前，燃煤锅炉改烧秸秆等生物质能源项目没有在节能项目中给予支持，而且在国家发展和改革委员会办公厅《关于组织申报资源节约和环境保护2012年中央预算内投资备选项目的通知》（发改办环资〔2011〕1524号）中还对此做了特别说明。但从2013年始，燃煤锅炉改为全烧秸秆（2013年还包括掺烧秸秆，后又取消此种燃烧方式）等生物质能源项目被纳入节能重点工程专题项目中的燃煤锅炉改造工程。

再者，在2013年前，农业循环经济项目虽然一直被纳入循环经济选项范围，但明确指出其不包括秸秆综合利用或秸秆单纯制板、发电、制备沼气、有机肥等项目，主要局限于秸秆代木，从而在一定程度上限制了秸秆循环利用的发展。

表 5-7　国家发展和改革委员会资源节约和环境保护中央预算内投资历年备选项目通知及其对秸秆综合利用项目和相关项目的规定

国家发展和改革委员会办公厅通知		相关选项范围	秸秆综合利用项目及相关项目	具体内容	特别要求
文号	名称				
发改办环资〔2010〕1736号	《关于组织申报资源节约和环境保护2011年中央预算内投资备选项目的通知》	资源综合利用	农作物秸秆综合利用示范项目	秸秆人造板、秸秆木塑等秸秆代木示范项目；棉秆等秸秆专项、特色利用项目	/
		循环经济	农业循环经济示范项目	农林废弃物再利用和资源化项目	不含秸秆综合利用，投资放宽至2 000万元以上
发改办环资〔2011〕1524号	《关于组织申报资源节约和环境保护2012年中央预算内投资备选项目的通知》	资源综合利用	农作物秸秆综合利用示范项目	农作物秸秆代木项目	重点支持新型墙体材料生产示范项目。建材产品要纳入《新型墙体材料目录》，并符合相关产品标准
		循环经济	农业循环经济示范项目	延长农业产业两条、循环经济特色明显的农林废弃物再利用和深度资源化利用	不含秸秆、三剩物单纯制板、发电，农业废弃物单纯制备沼气或有机肥项目。每省限报6个项目。适当放宽到总投资2 000万元以上
		节能	锅炉（窑炉）改造	/	燃煤锅炉改烧秸秆等生物质能源项目不在节能项目中支持

（续）

国家发展和改革委员会办公厅通知		相关选项范围	秸秆综合利用项目及相关项目	具体内容	特别要求
文号	名称				
发改办环资〔2012〕1335号	《关于请组织申报资源节约和环境保护2013年中央预算内投资备选项目的通知》	资源综合利用	农林废弃物综合利用示范项目	利用水平先进的农作物秸秆、林业三剩物综合利用等节材代木项目	高中密度纤维板类项目生产能力不低于单线8万米^3/年，木塑产品类项目生产能力不低于单线8万吨/年
		循环经济	农业循环经济项目	延长农业产业两条、循环经济特色明显的资源化利用	不含秸秆、三剩物单纯制板、发电，农业废弃物单纯制备沼气或有机肥项目。每省限报6个项目。适当放宽到总投资2 000万元以上
		节能	锅炉（窑炉）改造	燃煤锅炉改为全烧或掺烧秸秆等生物质能源项目	新建供热管网不在节能项目中支持
发改办环资〔2014〕668号	《关于组织申报资源节约和环境保护2014年中央预算内投资备选项目的通知》	专题项目	农作物秸秆综合利用示范项目	包括农作物秸秆（含棉秆）收储运体系建设、秸秆代木（人造板、木塑）、秸秆炭化、秸秆气化、秸秆固化成型燃料、秸秆纤维原料、秸秆清洁制浆、秸秆生产食用菌、秸秆生产有机肥等项目。不包括秸秆直燃发电、秸秆机械化还田项目	北京等7个大气治理试点以外地区，限报浙江、江苏、黑龙江、吉林、河南、湖北、湖南、江西、四川、新疆等共10个省、自治区
			锅炉（窑炉）改造（节能重点工程第4项）	燃煤锅炉改为全烧秸秆等生物质能源项目	以新建或改造供热管网为主要建设内容的项目不在节能项目中支持

（续）

国家发展和改革委员会办公厅通知		相关选项范围	秸秆综合利用项目及相关项目	具体内容	特别要求
文号	名称				
发改办环资〔2015〕631号	《关于组织申报资源节约和环境保护2015年中央预算内投资备选项目的通知》	专题项目	秸秆综合利用项目	包括农作物秸秆（含棉秆）收储运体系建设、秸秆代木（人造板、木塑）、秸秆炭化、秸秆气化、秸秆固化成型燃料、秸秆纤维原料、秸秆清洁制浆、秸秆生产食用菌、秸秆生产有机肥等项目。不包括秸秆直燃发电、秸秆机械化还田项目	京津冀及周边地区6省份，黑龙江、西藏等地区
			燃煤锅炉节能环保改造（节能重点工程第1项）	燃煤锅炉改为全烧秸秆等生物质能源项目	以新建或改造供热管网为主要建设内容的项目不在节能项目中支持
发改办环资〔2016〕663号	《关于组织申报资源节约循环利用重点工程2016年中央预算内投资备选项目的通知》	综合利用	农作物秸秆综合利用项目	/	/
			农业循环经济示范项目	/	/

（续）

国家发展和改革委员会办公厅通知		相关选项范围	秸秆综合利用项目及相关项目	具体内容	特别要求
文号	名称				
/	国家发展和改革委员会《关于做好2017年资源节约和环境保护中央预算内投资项目储备的通知》	重点地区污染治理工程	京津冀及周边地区大气污染治理	秸秆高值化利用（含粮棉主产区）即秸秆“五料化”中的高附加值利用项目	项目可包含秸秆收储运建设。项目资本收益率高，同时具有社会效益、经济效益、资源效益
		资源节约循环利用重点工程	农业循环经济基地建设	农业循环经济基地（园区）试点建设（包括能力建设、产业体系建设和示范工程建设）、农林废弃物资源化利用示范工程	项目资本收益率高，同时具有社会效益、经济效益、资源效益
/	国家发展和改革委员会《关于组织申报资源节约和环境保护2018年中央预算内投资备选项目的通知》	资源综合利用	秸秆热解气化清洁能源利用工程及副产物规模化利用项目	支持河北、山西、辽宁、吉林、黑龙江、安徽、山东、河南、湖北等省及新疆生产建设兵团、黑龙江农垦总局，以秸秆为主的农林废弃物热解炭（肥）、气（热、电）和油等多联产项目，支持秸秆收储运系统、预处理系统、热解气化系统、生物质燃气输配系统、生物质燃气利用系统、副产品利用系统等项目；秸秆热解气化副产物规模化利用项目	支持项目的秸秆利用能力需达到3万吨/年以上，农村供气供暖500户以上

2016 年国家发展和改革委员会在资环投资项目中设立了资源节约循环利用重点工程专项，同时制定并发布了《中央预算内投资资源节约循环利用重点工程专项管理暂行办法》（发改办环资〔2016〕686 号）。2017 年国家发展和改革委员会共计安排中央预算内投资 20 亿元用于资源节约循环利用重点工程建设。在国家发展和改革委员会办公厅发布的《关于组织申报资源节约循环利用重点工程 2016 年中央预算内投资备选项目的通知》（发改办环资〔2016〕663 号）中，农作物秸秆综合利用项目和农业循环经济示范项目同时被纳入综合利用选项范围。2017 年，国家发展和改革委员会通过发改投资〔2017〕396 号文公布了资源节约循环利用重点工程第一批中央预算内投资计划，其中包含利用秸秆、树皮等生物质原料生产 FGC 七防绿色植物纤维建材的项目。

2017 年，国家发展和改革委员会对资环投资项目进行了重大调整，同时对秸秆利用项目及其具体内容做出了全新的规定。在重点地区污染治理工程选项范围中，针对京津冀及周边地区大气污染治理设立了秸秆高值化利用（含粮棉主产区）项目，要求项目资本收益率高，同时具有社会效益、经济效益、资源效益。在资源节约循环利用重点工程选项范围中设立了农业循环经济基地建设项目，包括农业循环经济基地（园区）试点建设、农林废弃物资源化利用示范工程等。

5. 国家发展和改革委员会等部门秸秆气化清洁能源利用工程建设项目

（1）国家发展和改革委员会等部门《关于开展秸秆气化清洁能源利用工程建设的指导意见》的发布与实施。为切实推进粮棉主产区和北方地区冬季清洁取暖，推动秸秆综合利用高值化、产

业化发展，国家发展和改革委员会办公厅、农业部办公厅、国家能源局综合司联合发布了《关于开展秸秆气化清洁能源利用工程建设的指导意见》（发改办环资〔2017〕2143号），并提出“以加快推进秸秆综合利用和改善农村能源供应体系为目标，以加强政策引领、整县推进为抓手，优化产业组织结构，促进农村生产、生活和产业体系相融合，切实发挥龙头企业带动作用，推进粮棉主产区和北方地区冬季清洁取暖，推动秸秆综合利用高值化、产业化发展，促进2020年全国秸秆综合利用率目标任务完成”的总体要求，以及“到2020年，建成若干秸秆气化清洁能源利用实施县，实施区域内秸秆综合利用率达到85%以上，有效替代农村散煤，为农户以及乡镇学校、医院、养老院等公共设施供应炊事取暖清洁燃气”的总体目标。

发改办环资〔2017〕2143号文明确指出，秸秆气化工程技术主要包括“秸秆热解气化”和“秸秆沼气”两方面的内容，并对工程建设提出如下要求：一要合理布局，整县推进。根据各地农业生产特点和清洁能源需求，立足秸秆资源禀赋与社会经济发展水平，主要在北方冬季取暖地区和粮棉主产省份以县为单位规划实施秸秆气化清洁能源利用工程。各地重点选择一批秸秆产量大、利用能力强、基础条件好的县（区、市）作为实施县，科学制定建设方案，合理规划项目布局，宜气则气、宜暖则暖，规模化推进秸秆气化清洁能源利用工程建设，构建“集星成月”的格局。二要工艺合理，确保终端产品全量利用。实施县要根据自身实际情况，合理选择工艺路线，生物质燃气生产和净化设备能够适应于以秸秆为主要原料的农林废弃物，生物质燃气要达到相应标准，能够满足农村居民炊事采暖需求；要选择在技术、资金、运营管理等方面综合实力较强的行业龙头企业作为项目实施主体，确保生物质燃气入农户、工业锅炉、燃气发电等技术方案的可行性和安全性；要合理配套生物炭、焦油、木醋液、沼渣沼液等副产物资源化利用系统，确保终端产品得到全量利用，避免造成二次污染，提高工程效益。同时，提出了“严格执行标准，确保工程质量”“创新运营机制，推动产业化发展”“依托新型经营主体，健全收储运体系”的工程建设要求。

按照发改办环资〔2017〕2143号文的规定，农业部成立专家委员会，对秸秆气化清洁能源利用工程实施提供技术指导，定期组织专家对实施县建设进行跟踪评估；国家能源局协调相关省（自治区、直辖市）能源主管部门做好秸秆气化发电接入电网等工作，按照可再生能源法及相关规定，由电网企业全额收购秸秆气化发电上网电量。省级相关部门加强对实施县的监督检查，确保实施县达到预期目标。实施县相关部门要为秸秆气化项目积极争取本地区清洁能源利用、燃煤替代、秸秆禁烧与综合利用等相关优惠政策，为项目可持续运营提供政策保障，进一步调动企业参与的积极性。

根据发改办环资〔2017〕2143号文的要求，国家发展和改革委员会在资源节约和环境保护2018年中央预算内投资备选项目中设立了“秸秆热解气化清洁能源利用工程及副产物规模化利用”专题项目，对以秸秆为主的农林废弃物热解炭（肥）、气（热、电）和油等多联产项目（包括秸秆收储运系统、预处理系统、热解气化系统、生物质燃气输配系统、生物质燃气利用系统、副产品利用系统等）和秸秆热解气化副产物规模化利用项目给予支持，支持项目的秸秆利用能力需达到3万吨/年以上，农村供气供暖 500 户以上，限报河北、山西、辽宁、吉林、黑龙江、安徽、山东、河南、湖北等省及新疆生产建设兵团、黑龙江农垦总局。对秸秆热解气化以外的其他秸秆“五料化”利用项目不再立项。

（2）国家发展和改革委员会《中央预算内投资生态文明建设专项管理暂行办法》的发布与实施。为贯彻落实中共中央、国务院《关于加快推进生态文明建设的意见》（中发〔2015〕12 号）和中共中央、国务院又印发的《生态文明体制改革总体方案》（中发〔2015〕25 号），加快建立系统完整的生态文明制度体系，加快推进生态文明建设，增强生态文明体制改革的系统性、整体性、协同性，国家发展和改革委员会将“资源节约和环境保护中央预算内投资”转换为“中央预算内投资生态文明建设专项”，并根据《中央预算内投资补助和贴息项目管理办法》（国家发展和改革委员会令第 45 号）等有关规定，制定并实施了《中央预算内投资生态文明建设专项管理暂行办法》（发改环资规〔2017〕2135 号），同时废止了《城镇污水垃圾处理设施建设中央预算内投资专项管理办法》《中央预算内投资资源节约循环利用重点工程专项管理暂行办法》《中央预算内投资京津冀及重点地区污染治理专项管理暂行办法》。

发改环资规〔2017〕2135 号文规定：中央预算内投资生态文明建设专项采用投资补助方式对符合条件的项目予以支持，引导支持社会资本投入生态文明建设，促进生态环境的保护和改善。支持范围包括：一是资源节约循环利用重点工程，支持节能、循环经济、资源综合利用、节水和海水淡化等项目建设。二是环境污染治理重点工程，主要支持城镇污水垃圾等环境基础设施建设、大气污染治理、水污染治理、土壤污染治理等项目建设。三是节能环保产业重点工程，支持重大节能环保技术研发和产业化项目建设等。

发改环资规〔2017〕2135号文明确将“秸秆清洁能源利用工程项目”作为资源综合利用选项范围的重要支持对象，并对其制定了具体的补助标准，即秸秆清洁能源利用工程项目“按不超过项目总投资的30%控制，单个项目补助金额不超过3 000万元。”

2018年，国家发展和改革委员会环资司在关于做好2019年生态文明建设专项中央预算内投资项目储备工作的部署中，明确将“农作物秸秆综合利用”作为储备项目之一，并提出“重点支持北方采暖地区及粮棉主产区的秸秆气化项目（整县推进）”的要求。

（三）关乎秸秆综合利用的国家其他投资扶持项目

秸秆综合利用涉及范围广，关乎农牧业尤其是种养一体化循环农业发展、耕地质量保护和高标准农田建设直至粮食安全、资源高效利用和生物质能源、生物基原料、生物化工等新兴产业发展、节能减排和环境保护等诸多方面。因此，对秸秆综合利用的投资扶持不仅仅是以秸秆综合利用为专项的投资项目，而是更多地涵盖在与秸秆综合利用相关的其他投资项目中。目前，已知的与秸秆综合利用相关的国家投资项目有20多项。表5-8列示了12个明确提出以秸秆为主要利用内容之一或秸秆综合利用为重要投资扶持对象之一的国家投资扶持项目。这12个项目主要涉及两大领域，一是农业领域（第1～7项），二是生物质能源领域（第8～12项），具体请参见拙作《国家法规与政策——农作物秸

秆综合利用和禁烧管理》。下面仅介绍其中的第4项，即国家农业机械购置补贴项目。

表5-8 与秸秆综合利用相关的国家投资项目及其代表性行政规范性文件

序号	项目名称	代表性行政规范性文件
1	国家农业综合开发农业部专项区域生态循环农业项目	农业部办公厅、国家农业综合开发办公室《关于组织申报2015年国家农业综合开发区域生态循环农业示范项目有关事宜的通知》(农办计〔2015〕15号)
		农业部办公厅、国家农业综合开发办公室《农业综合开发区域生态循环农业项目指引(2017—2020年)》(农办计〔2016〕93号)
		农业部发展计划司《关于编制2017年农业综合开发区域生态循环农业项目省级方案的通知》(农计(开发)〔2016〕347号)
		农业部办公厅《关于开展2018年农业综合开发区域生态循环农业项目省级项目储备方案编制工作的通知》(农办计〔2017〕50号)
2	国家农业可持续发展试验示范区建设项目	农业部、国家发展和改革委员会、科学技术部、财政部、国土资源部、环境保护部、水利部、国家林业局《国家农业可持续发展试验示范区建设方案》(农计发〔2016〕88号)
		农业部办公厅《关于做好农业废弃物资源化利用试点和国家农业可持续发展试验示范区建设工作的通知》(农办计〔2016〕89号)
		农业部办公厅《关于开展第一批国家农业可持续发展试验示范区评估确定工作的通知》(农办计〔2017〕26号)
		农业部、国家发展和改革委员会、科学技术部、财政部、国土资源部、环境保护部、水利部、国家林业局《关于启动第一批国家农业可持续发展试验示范区建设 开展农业绿色发展先行先试工作的通知》(农办计〔2017〕121号)

（续）

序号	项目名称	代表性行政规范性文件
3	农业部耕地保护与质量提升项目	农业部《耕地质量保护与提升行动方案》（农农发〔2015〕5号）
		农业部种植业管理司《关于做好2017年耕地保护与质量提升工作促进化肥减量增效的通知》（农农（耕肥）〔2017〕30号）
		农业农村部、财政部《关于做好2018年农业生产发展等项目实施工作的通知》（农财发〔2018〕13号）
4	国家农业机械购置补贴项目	农业部办公厅、财政部办公厅《2015—2017年农业机械购置补贴实施指导意见》（农办财〔2015〕6号）
		农业部办公厅《2015—2017年全国通用类农业机械中央财政资金最高补贴额一览表》和《41个统一分类分档的非通用类机具品目表》（农办机〔2015〕5号）
		农业部办公厅《全国通用类农业机械中央财政资金最高补贴额一览表（调整后）》（农办机〔2015〕29号）
		农业部办公厅、财政部办公厅《关于做好2016年部分财政支农项目实施工作的通知》（农办财〔2016〕22号）
		农业部、财政部《2018—2020年农机购置补贴实施指导意见》（农办财〔2018〕13号）
		农业部办公厅《2018—2020年全国通用类农业机械中央财政资金最高补贴额一览表》（农办机〔2018〕7号）
5	农业部果菜茶有机肥替代化肥示范县建设项目	农业部《开展果菜茶有机肥替代化肥行动方案》（农农发〔2017〕2号）
		农业部种植业管理司《关于报送2017年果菜茶有机肥替代化肥示范县的通知》（农农（耕肥）〔2017〕4号）
		农业部种植业管理司《关于做好2017年果菜茶有机肥替代化肥试点工作的通知》（农农（耕肥）〔2017〕28号）

（续）

序号	项目名称	代表性行政规范性文件
6	国家发展和改革委员会全国新增千亿斤*粮食生产能力规划田间工程建设项目	国务院《国家粮食安全中长期规划纲要（2008—2020年）》（国发〔2008〕24号）
		《全国新增1 000亿斤粮食生产能力规划（2009—2020年）》（国家发展和改革委员会会同农业部、水利部、财政部、国土资源部、科学技术部、环境保护部、铁道部、人民银行、粮食局、统计局、林业局、气象局、银监会、中储粮总公司等14个部门和单位编制，经国务院审议同意后，以国办发〔2009〕47号文的形式正式印发）
7	国家农业综合开发高标准农田建设项目	国家农业综合开发办公室《关于开展国家农业综合开发高标准农田建设示范工程的指导意见》（国农办〔2009〕163号）和《国家农业综合开发高标准农田建设示范工程建设标准（试行）》（国农办〔2009〕163号）
		财政部《国家农业综合开发高标准农田建设规划》（财发〔2013〕4号）
		国家农业综合开发办公室《关于土地治理项目计划编报事宜的通知》（国农办〔2016〕49号）
8	可再生能源发展专项资金	财政部《可再生能源发展专项资金管理暂行办法》（财建〔2015〕87号）
9	中央预算内基本建设资金农村沼气项目	国家发展和改革委员会、农业部《2015年农村沼气工程转型升级工作方案》（发改办农经〔2015〕879号）
		国家发展和改革委员会《农村沼气工程中央预算内投资专项管理办法》（发改农经规〔2016〕1661号）
		国家发展和改革委员会、农业部《全国农村沼气发展“十三五”规划》（发改农经〔2017〕178号）

* 斤：质量单位：1斤=0.5千克。

（续）

序号	项目名称	代表性行政规范性文件
10	生物质成型燃料锅炉供热示范项目	国家能源局、环境保护部《关于开展生物质成型燃料锅炉供热示范项目建设的通知》（国能新能〔2014〕295号）
		国家能源局、环境保护部《关于加强生物质成型燃料锅炉供热示范项目建设管理工作有关要求的通知》（国能新能〔2014〕520号）
11	中央财政支持北方地区冬季清洁取暖试点项目	财政部、住建部、环境保护部、国家能源局《关于开展中央财政支持北方地区冬季清洁取暖试点工作的通知》（财建〔2017〕238号）
12	“百个城镇”生物质热电联产县域清洁供热示范项目	国家发展和改革委员会、国家能源局《关于印发促进生物质能供热发展指导意见的通知》（发改能源〔2017〕2123号）
		国家能源局《关于开展“百个城镇”生物质热电联产县域清洁供热示范项目建设的通知》（国能发新能〔2018〕8号）

（四）国家农业机械购置补贴项目

国务院《关于加快推进农业机械化和农机装备产业转型升级的指导意见》（国发〔2018〕42号）指出：“农业机械化和农机装备是转变农业发展方式、提高农村生产力的重要基础，是实施乡村振兴战略的重要支撑。没有农业机械化，就没有农业农村现代化。近年来，我国农机制造水平稳步提升，农机装备总量持续增长，农机作业水平快速提高，农业生产已从主要依靠人力畜力转向主要依靠机械动力，进入了机械化为主导的新阶段。”

从2004年开始，国家开始实施农业机械购置补贴政策，以充分调动和保护农民购买使用农机的积极性，促进农机装备结构

优化、农机化作业能力和水平提升，推进农业发展方式转变，切实保障主要农产品有效供给。

近年来，国家持续加大农机购置补贴资金投入。2013—2017年，中央财政累计安排农机购置补贴资金1 116亿元，补贴购置各类农机具1 820多万台（套），分别为2004年补贴政策实施以来资金总量的60.4%、累计补贴购置机具总数的45.1%，大幅提升了农业物质技术装备水平，有力推动了现代农业建设，取得了利农助工、一举多得的显著成效。

秸秆综合利用的进展与农机化水平的提高是分不开的。农业部副部长张桃林《在全国秸秆机械化还田离田暨东北地区秸秆处理行动现场会上的讲话》中指出："2016年，我国主要农作物机械化秸秆还田面积达7.2亿亩*、捡拾打捆面积达0.65亿亩，保护性耕作面积达到1.3亿亩，机械化利用秸秆总量达到4.65亿吨，特别是小麦秸秆基本实现了以还田为主的机械化处理。"

随着秸秆利用要求不断的提升，国家将越来越多的秸秆利用机械纳入全国农机购置中央财政补贴范围。与此同时，各级农机化主管部门明确将绿色发展尤其是秸秆利用急需的先进适用机具纳入敞开补贴重点，积极支持农民和农业生产经营组织购买大马力拖拉机、深松机、联合整地机、秸秆粉碎还田机、捡拾打捆机，以及带有旋耕灭茬、秸秆粉碎、免耕播种等装置的联合整地播种机和带有秸秆还田装置的联合收割机等，推动深松整地和机械化秸秆还田离田技术应用。截至2017年底，全国80马力以上大型拖拉机、深松机、秸秆粉碎还田机保有量比"十二五"末分

* 亩为非法定计量单位，15亩=1公顷。

别增长了26%、16.7%、10%。

1. 2015—2017年秸秆利用机械购置补贴

农业部办公厅、财政部办公厅联合印发的《2015—2017年农业机械购置补贴实施指导意见》（农办财〔2015〕6号）指出：按照“确保谷物基本自给、口粮绝对安全”的目标要求，中央财政资金重点补贴粮、棉、油、糖等主要农作物生产关键环节所需机具，兼顾畜牧业、渔业、设施农业、林果业及农产品初加工发展所需机具，力争用3年左右时间着力提升粮、棉、油、糖等主要农作物生产全程机械化水平。

2015—2017年中央财政资金补贴机具种类范围为11大类43个小类137个品目。其中，除配备秸秆粉碎装置的各类农作物收获机外，适用于秸秆利用或与秸秆利用相关的各类农机主要有7大类10个小类26个品目，具体如表5-9所示。

表5-9　2015—2017年和2018—2020年中央财政资金补贴机具种类范围中适用于秸秆利用或与秸秆利用相关的机具种类

大　类	小　类	品　目	
		2015—2017年	2018—2020年
1　动力机械	1.1　拖拉机	轮式拖拉机（不含皮带传动轮式拖拉机）	（同左）
		履带式拖拉机	（同左）
2　耕整地机械	2.1　耕地机械	翻转犁	铧式犁
		深松机	（同左）
	2.2　整地机械	联合整地机	（同左）
		圆盘耙	（同左）
		灭茬机	（同左）

（续）

大　类	小　类	品　目	
		2015—2017年	2018—2020年
3　种植施肥机械	3.1　播种机械	免耕播种机	（同左）
4　收获机械	4.1　谷物收获机械	割晒机	（同左）
	4.2　饲料作物收获机械	青饲料收获机	（同左）
		割草机	（同左）
		搂草机	（同左）
		捡拾压捆机	/
		压捆机	/
		/	打（压）捆机
		圆草捆包膜机	（同左）
		抓草机	（见该表下文）
	4.3　茎秆收集处理机械	秸秆粉碎还田机	（同左）
		高秆作物割晒机	（同左）
5　畜牧机械	5.1　饲料（草）加工机械设备	青贮切碎机	（同左）
		铡草机	（同左）
		揉丝机	（同左）
		压块机	（同左）
		饲料粉碎机	（同左）
		饲料混合机	（同左）
		饲料搅拌机	（同左）
		颗粒饲料压制机	（同左）
		/	秸秆膨化机
6　农用搬运机械	6.1　装卸机械	/	抓草机
7　农业废弃物利用处理设备	7.1　废弃物处理设备	/	秸秆压块（粒、棒）机

资料来源：农业部、财政部《2015—2017年农业机械购置补贴实施指导意见》之附件1《全国农机购置补贴机具种类范围》和《2018—2020年农机购置补贴实施指导意见》之附件1《全国农机购置补贴机具种类范围》。

农业部办公厅和财政部办公厅联合发布的《关于做好2016年部分财政支农项目实施工作的通知》（农办财〔2016〕22号）明确提出：各省要按照“缩范围、控定额、促敞开”的工作思路，进一步开拓创新、规范管理，持续抓好农机购置补贴政策组织实施工作；以绿色生态为导向，加大对保护性耕作、深松整地、秸秆还田等绿色增产技术所需机具的补贴力度，力争做到应补尽补、敞开补贴。

2. 2018—2020年秸秆利用机械购置补贴

农业部、财政部联合印发的《2018—2020年农机购置补贴实施指导意见》（农办财〔2018〕13号）指出：以推进农业供给侧结构性改革、促进农业机械化全程全面高质高效发展为基本要求，推动普惠共享，推进补贴范围内机具敞开补贴。优先保证粮食等主要农产品生产所需机具和深松整地、免耕播种、高效植保、节水灌溉、高效施肥、秸秆还田离田、残膜回收、畜禽粪污资源化利用、病死畜禽无害化处理等支持农业绿色发展机具的补贴需要，逐步将区域内保有量明显过多、技术相对落后、需求量小的机具品目剔出补贴范围。

2018—2020年中央财政资金补贴机具种类范围以2015—2017年补贴范围为基础进行了调整优化，重点增加了支持农业结构调整需求和绿色生态导向的品目，剔除了技术已明显落后的部分品目，并依据新的农业机械分类标准对机具分类和品目名称进行了规范，最终确定补贴范围为15大类42个小类137个品目。就秸秆利用机具而言，2018—2020年中央财政资金补贴机具种类范围最大的改进是增加了秸秆膨化机和秸秆压块（粒、棒）机，并将原来的“捡拾压捆机”和“压捆机”合并为“打

（压）捆机”。除配备秸秆粉碎装置的各类农作物收获机外，与秸秆综合利用相关的机具种类增加到 8 大类 10 个小类 27 个品目，详见表 5－9。

农办财〔2018〕13 号文规定：中央财政农机购置补贴实行定额补贴，补贴额由各省农机化主管部门负责确定，其中通用类机具补贴额不超过农业部发布的最高补贴额。补贴额依据同档产品上年市场销售均价测算，原则上测算比例不超过 30％。上年市场销售均价可通过本省农机购置补贴辅助管理系统补贴数据测算，也可通过市场调查或委托有资质的社会中介机构进行测算。对技术含量不高、区域拥有量相对饱和的机具品目，应降低补贴标准。为提高资金使用效益、减少具体产品补贴标准过高的情形，各省也可采取定额与比例相结合等其他方式确定补贴额，具体由各省结合实际自主确定。补贴额的调整工作一般按年度进行。鉴于市场价格具有波动性，在政策实施过程中，具体产品或具体档次的中央财政资金实际补贴比例在 30％上下一定范围内浮动符合政策规定。西藏和新疆南疆五地州（含南疆垦区）继续按照农业部办公厅和财政部办公厅《关于在西藏和新疆南疆地区开展差别化农机购置补贴试点的通知》（农办财〔2017〕19 号）执行。

《2018—2020 年全国通用类农业机械中央财政资金最高补贴额一览表》（农办机〔2018〕7 号）对全国 20 个品目的全国通用类农业机械中央财政资金最高补贴额进行了规定，其中适用于秸秆利用或与秸秆利用相关的机具品目主要有秸秆粉碎还田机、深松机、免耕播种机、打（压）捆机、青饲料收获机以及轮式拖拉机、履带式拖拉机等。

四、农作物秸秆综合利用税收优惠政策

在国务院办公厅和国家各部门发布的秸秆综合利用行政规范性文件中，曾多次提出实施税收优惠的要求。国务院办公厅《关于加快推进农作物秸秆综合利用的意见》（国办发〔2008〕105号）在“政策扶持，公众参与”的指导原则中提出，要“利用价格和税收杠杆调动企业和农民的积极性，形成以政策为导向、企业为主体、农民广泛参与的长效机制”，进而在相应的保障措施中规定，相关部门要“针对秸秆综合利用的不同环节和不同用途，制定和完善相应的税收优惠政策”。

国家发展和改革委员会、农业部、财政部联合印发的《“十二五”农作物秸秆综合利用实施方案》（发改环资〔2011〕2615号）提出要“落实好鼓励秸秆综合利用税收优惠政策”。

国家发展和改革委员会、农业部、环境保护部联合印发的《关于加强农作物秸秆综合利用和禁烧工作的通知》（发改环资〔2013〕930号）提出，要“充分利用现有秸秆综合利用财政、税收、价格优惠激励政策，加大对农作物收获及秸秆还田收集一体化农机的补贴力度”。

国家发展和改革委员会、财政部、农业部、环境保护部联合印发的《关于进一步加快推进农作物秸秆综合利用和禁烧工作的通知》（发改环资〔2015〕2651号）提出，要“落实好秸秆综合利用税收优惠政策，切实促进秸秆资源化利用”“研究将符合条件的秸秆综合利用产品列入节能环保产品政府采购清单和资源综合利用产品目录”。

目前国家施行的适用于秸秆综合利用的税收优惠政策主要包括如下六个方面的内容：一是资源综合利用企业所得税优惠政策；二是资源综合利用产品和劳务增值税优惠政策；三是农产品初加工企业所得税优惠政策；四是生物能源和生物化工财税扶持政策；五是高新技术企业所得税优惠政策；六是小微企业税收优惠政策。

（一）资源综合利用企业所得税优惠政策

财政部、国家税务总局、国家发展和改革委员会《资源综合利用企业所得税优惠目录（2008 年版）》（财税〔2008〕117 号，简称《目录》）明文规定：对于利用农作物秸秆及壳皮（包括粮食作物秸秆、农业经济作物秸秆、粮食壳皮、玉米芯，占原料的70％以上）生产的代木产品、电力、热力及燃气，可享受资源综合利用企业所得税优惠。

另据财政部、国家税务总局《关于执行资源综合利用企业所得税优惠目录有关问题的通知》（财税〔2008〕47 号）：自 2008 年 1 月 1 日起，以《目录》中所列资源为主要原材料，生产《目录》内符合国家或行业相关标准的产品取得的收入，在计算应纳税所得额时，减按 90％计入当年收入总额。在具体办理过程中，纳税人在年度汇算清缴结束前，向税务机关进行减免税备案后，即可享受税收优惠。

2009 年国家税务总局发布的《关于资源综合利用企业所得税优惠管理问题的通知》（国税函〔2009〕185 号）对资源综合利用企业所得税优惠政策做了如下更为严格的规定：

第一，以《目录》规定的资源作为主要原材料，生产国家非限制和非禁止并符合国家及行业相关标准的产品取得的收入，减按90%计入企业当年收入总额。

第二，经资源综合利用主管部门按《目录》规定认定的生产资源综合利用产品的企业（不包括仅对资源综合利用工艺和技术进行认定的企业），取得“资源综合利用认定证书”，可按规定申请享受资源综合利用企业所得税优惠。

第三，企业资源综合利用产品的认定程序，按国家发展和改革委员会、财政部、国家税务总局《国家鼓励的资源综合利用认定管理办法》（发改环资〔2006〕1864号）的规定执行。

第四，2008年1月1日之前经资源综合利用主管部门认定取得“资源综合利用认定证书”的企业，应按规定重新办理认定并取得“资源综合利用认定证书”，方可申请享受资源综合利用企业所得税优惠。

第五，企业从事非资源综合利用项目取得的收入与生产资源综合利用产品取得的收入没有分开核算的，不得享受资源综合利用企业所得税优惠。

第六，税务机关对资源综合利用企业所得税优惠实行备案管理。备案管理的具体程序，按照国家税务总局的相关规定执行。

第七，享受资源综合利用企业所得税优惠的企业因经营状况发生变化而不符合《目录》规定的条件的，应自发生变化之日起15个工作日内向主管税务机关报告，并停止享受资源综合利用企业所得税优惠。

第八，企业实际经营情况不符合《目录》规定条件，采用欺骗等手段获取企业所得税优惠，或者因经营状况发生变化而不符合享受优惠条件，但未及时向主管税务机关报告的，按照税收征管法及其实施细则的有关规定进行处理。

第九，税务机关应对企业的实际经营情况进行监督检查。税务机关发现资源综合利用主管部门认定有误的，应停止企业享受资源综合利用企业所得税优惠，并及时与有关认定部门协调沟通，提请纠正，已经享受的优惠税额应予追缴。

（二）资源综合利用产品和劳务增值税优惠政策

2015 年财政部、国家税务总局印发的《资源综合利用产品和劳务增值税优惠目录》（财税〔2015〕78 号）共包括五大类别的资源，即“共、伴生矿产资源”“废渣、废水（液）、废气”“再生资源”“农林剩余物及其他”“资源综合利用劳务”。在“农林剩余物及其他”“废渣、废水（液）、废气”“再生资源”三类资源中，按四种不同的资源名称、产品名称、技术标准和相关条件确定了三种不同的退税比例，具体如表 5－10 所示。纳税人向税务机关进行减免税备案、申报缴纳税款（含可享受的优惠税款），可同时向税务机关申请退税。

由表 5－10 可见，有关农作物秸秆综合利用的产品主要有两类：一是能源化产品，即生物质压块、沼气等燃料以及电力、热力等；二是原料化产品，包括纤维板、刨花板、箱板纸、秸秆浆和纸、蔗渣浆和纸、生物炭、活性炭、水解酒精、纤维素、木质素、木糖、阿拉伯糖、糠醛等。

需要指出是，木糖、阿拉伯糖、糠醛等生物化工产品的原料主要为玉米芯等农副产物，而在这些产品的资源名称中却未将其列出，这是《资源综合利用产品和劳务增值税优惠目录》的一个严重疏漏。

表 5-10　与农作物秸秆相关的资源综合利用产品退税条件与退税比例

利用类型	综合利用的资源名称	综合利用产品	技术标准和相关条件	退税比例
农林剩余物及其他	餐厨垃圾、畜禽粪便、稻壳、花生壳、玉米芯、油茶壳、棉籽壳、三剩物、次小薪材、农作物秸秆、蔗渣，以及利用上述资源发酵产生的沼气	生物质压块、沼气等燃料，电力、热力	1. 产品原料或者燃料 80%以上来自所列资源； 2. 纳税人符合《锅炉大气污染物排放标准》（GB 13271—2014）、《火电厂大气污染物排放标准》（GB 13223—2011）或《生活垃圾焚烧污染控制标准》（GB 18485—2001）规定的技术要求	100%
	三剩物、次小薪材、农作物秸秆、沙柳	纤维板、刨花板，细木工板、生物炭、活性炭、栲胶、水解酒精、纤维素、木质素、木糖、阿拉伯糖、糠醛、箱板纸	产品原料 95%以上来自所列资源	70%
废渣、废水（液）、废气	蔗渣	蔗渣浆、蔗渣刨花板和纸	1. 产品原料 70%以上来自所列资源； 2. 生产蔗渣浆及各类纸的纳税人符合国家发展改革委、环境保护部、工业和信息化部《制浆造纸行业清洁生产评价指标体系》规定的技术要求	50%

（续）

利用类型	综合利用的资源名称	综合利用产品	技术标准和相关条件	退税比例
再生资源	废纸、农作物秸秆	纸浆、秸秆浆和纸	1. 产品原料70%以上来自所列资源； 2. 废水排放符合《制浆造纸工业水污染物排放标准》（GB 3544—2008）规定的技术要求； 3. 纳税人符合《制浆造纸行业清洁生产评价指标体系》规定的技术要求； 4. 纳税人必须通过ISO 9000、ISO 14000认证	50%

资料来源：财政部、国家税务总局《资源综合利用产品和劳务增值税优惠目录》（财税〔2015〕78号）。

自财政部、国家税务总局《关于印发〈资源综合利用产品和劳务增值税优惠目录〉的通知》（财税〔2015〕78号）发布之日即2015年7月1日起，财政部和国家税务总局印发的《关于资源综合利用及其他产品增值税政策的通知》（财税〔2008〕156号）、《关于资源综合利用及其他产品增值税政策的补充的通知》（财税〔2009〕163号）、《关于调整完善资源综合利用及劳务增值税政策的通知》（财税〔2011〕115号）、《关于享受资源综合利用增值税优惠政策的纳税人执行污染物排放标准的通知》（财税〔2013〕23号）同时废止。

（三）农产品初加工企业所得税优惠政策

《中华人民共和国企业所得税法》（2007年3月16日第十届

全国人民代表大会第五次会议通过）第二十七条第一款规定：“企业从事农、林、牧、渔业项目的所得，可以免征、减征企业所得税。”

根据《中华人民共和国企业所得税法》及其实施条例的规定，为贯彻落实农、林、牧、渔业项目企业所得税优惠政策，财政部、国家税务总局制定发布了《享受企业所得税优惠政策的农产品初加工范围（试行）（2010年版）》，其中对享受企业所得税优惠政策的牧草类初加工范围规定为：“通过对牧草、牧草种子、农作物秸秆等，进行收割、打捆、粉碎、压块、成粒、分选、青贮、氨化、微化等简单加工处理，制成的干草、草捆、草粉、草块或草饼、草颗粒、牧草种子以及草皮、秸秆粉（块、粒）。”

（四）生物能源和生物化工财税扶持政策

财政部、国家发展和改革委员会、农业部、国家税务总局、国家林业局联合发布的《关于发展生物能源和生物化工财税扶持政策的实施意见》（财建〔2006〕702号）指出，我国生物能源与生物化工的发展坚持不与粮争地、促进能源与粮“双赢”的原则，鼓励利用秸秆、树枝等农林废弃物加工生产生物能源。财建〔2006〕702号文对生物能源和生物化工财税扶持的政策规定为：

一是实施弹性亏损补贴。目前国际石油价格高位运行，如果油价下跌，生物能源与生物化工生产企业亏损将加大。为化解石油价格变动对发展生物能源与生物化工所造成的市场风险，为市场主体创造稳定的市场预期，将建立风险基金制度与弹性亏损补贴机制。当石油价格高于企业正常生产经营保底价时，国家不予

亏损补贴，企业应当建立风险基金；当石油价格低于保底价时，先由企业用风险基金以盈补亏。如果油价长期低位运行，将启动弹性亏损补贴机制，具体补贴办法财政部将会同国家发展和改革委员会另行制定。

二是原料基地补助。国家鼓励开发冬闲田、盐碱地、荒山、荒地等未利用土地建设生物能源与生物化工原料基地，从而确保生物能源与生物化工有稳定的原料供应来源，确保发展生物能源与生物化工不与粮争地。开发生物能源与生物化工原料基地要与土地开发整理、农业综合开发、林业生态项目相结合，享受有关优惠政策。对以“公司＋农户”方式经营的生物能源和生物化工龙头企业，国家给予适当补助。具体补助办法，财政部将会同国家发展和改革委员会、农业部、国家林业局另行制定。

三是示范补助。国家鼓励具有重大意义的生物能源及生物化工生产技术的产业化示范，以增加技术储备，对示范企业予以适当补助。具体补助办法财政部将另行制定。

四是税收优惠。对国家确实需要扶持的生物能源和生物化工生产企业，国家给予税收优惠政策，以增强相关企业竞争力，具体政策由财政部、国家税务总局上报国务院后另行制定。

上述第一条适用于秸秆纤维素乙醇生产；第二条与秸秆新能源基本无关；第三、第四条适用于秸秆新能源规模化开发利用。

（五）高新技术企业所得税优惠政策

科学技术部、财政部和国家税务总局印发的《国家重点支持的高新技术领域（2016）》（国科发火〔2016〕32号）将“农作物秸秆等有机固体废物破碎、分选等预处理技术”“有机质固体废弃物无害化处置与资源化技术”等作为有机固体废物处理与资源化领域的高新技术，将“生物质发电关键技术及发电原料预处理技术、生物质固体燃料致密成型及高效燃烧技术、生物质气化和液化技术、非粮生物液体燃料生产技术、生物质固体燃料高效燃烧技术以及其他新机理、高转化效率的生物质能技术”作为生物质能领域的高新技术。

《中华人民共和国企业所得税法》（中华人民共和国第十届全国人民代表大会第五次会议于2007年3月16日通过。2017年2月24日第十二届全国人民代表大会常务委员会第二十六次会议修正）第二十八条第二款规定：“国家需要重点扶持的高新技术企业，减按15%的税率征收企业所得税。”

（六）小微企业税收优惠政策

根据工信部、国家统计局、国家发展和改革委员会、财政部联合发布的《中小企业划型标准规定》（工信部联企业〔2011〕300号），对于农林牧渔业，营业收入20 000万元以下的为中小微型企业。其中，营业收入500万元及以上的为中型企业，50万～500万元的为小型企业，50万元以下的为微型企业。

我国秸秆产业化利用企业门类众多，主要包括秸秆收储运企业、秸秆有机肥生产企业、秸秆饲料加工企业、秸秆养畜企业、秸秆食用菌种植企业、秸秆发电企业、秸秆成型燃料加工企业、秸秆气化企业、秸秆炭气联产企业、秸秆纤维素乙醇生产企业、秸秆清洁制浆和造纸企业、秸秆代木加工企业等。在这些企业门类中，除秸秆发电、秸秆清洁制浆和造纸、秸秆纤维素乙醇等需要规模化建设的企业外，其他企业有不少属于小微企业，可享受国家小微企业税收优惠政策。

《中华人民共和国企业所得税法》（简称《企业所得税法》）第二十八条第一款规定："符合条件的小型微利企业，减按20%的税率征收企业所得税。"

财政部、国家税务总局《关于执行企业所得税优惠政策若干问题的通知》（财税〔2009〕69号）第八条规定：《企业所得税法》第二十八条规定的小型微利企业待遇，应适用于具备建账核算自身应纳税所得额条件的企业，按照《企业所得税核定征收办法》（国税发〔2008〕30号）缴纳企业所得税的企业，在不具备准确核算应纳税所得额条件前，暂不适用小型微利企业适用税率。

财政部、国家发展和改革委员会联合发布的《关于免征小型微型企业部分行政事业性收费的通知》（财综〔2011〕104号）规定，对依照《中小企业划型标准规定》认定的小型和微型企业，免征管理类、登记类和证照类等有关行政事业性收费，（其中与秸秆利用小微企业相关的免征收费项）具体包括：①工商行政管理部门收取的企业注册登记费；②税务部门收取的税务发票工本费；③海关部门收取的海关监管手续费；④商务部门收取的装船证费、手工制品证书费；⑤国土资源部门收取的土地登记费；⑥新闻出版部门收取的计算机软件著作权登记费；⑦农业部门收取的农机监理费（含牌证工本费、安全技术检验费、驾驶许可考试费等）；⑧各省（自治区、直辖市）人民政府及其财政、价格主管部门按照管理权限批准设立的管理类、登记类和证照类行政事业性收费等。

另外，为贯彻《国务院办公厅关于金融支持经济结构调整和转型升级的指导意见》（国办发〔2013〕67号），落实全国小微企业金融服务经验交流电视电话会议精神和工作部署，2013年国家发展和改革委员会制定并发布了《关于加强小微企业融资服务支持小微企业发展的指导意见》（发改财金〔2013〕1410号），为拓宽小微企业融资渠道，缓解小微企业融资困难，加大对小微企业的支持力度，提供了政策保障。

五、农作物秸秆综合利用（秸秆发电）市场调控和价格优惠政策

市场调控政策是国家优化资源配置，转变发展方式，引导和扶持重大基础性产业、保障性民生产业、战略性新兴产业发展的重要手段。除上述国家农业机械购置价格补贴政策外，国家现行的适用于秸秆综合利用的市场调控政策，集中体现在涵盖秸秆发电的可再生能源发电尤其是农林生物质发电政策中，如保障性收购政策、标杆上网电价政策、发电附加补助政策等。

（一）秸秆发电全额保障性收购政策

国家发展和改革委员会、财政部、农业部、环境保护部联合发布的《关于进一步加快推进农作物秸秆综合利用和禁烧工作的通知》（发改环资〔2015〕2651号）提出：在秸秆产生量大且难以利用的地区，应根据秸秆资源量和分布特点，科学规划秸秆热

电联产以及循环流化床、水冷振动炉排等直燃发电厂，秸秆发电优先上网且不限发。

有关秸秆发电的全额保障性收购政策更主要地体现在《可再生能源法》以及国家各部门制定可再生能源发电全额保障性收购法规和政策规定中，如国家电监会《电网企业全额收购可再生能源电量监管办法》（2007年国家电力监管委员会令第25号）、国家发展和改革委员会《可再生能源发电全额保障性收购管理办法》（发改能源〔2016〕625号）、国家能源局《关于减轻可再生能源领域企业负担有关事项的通知》（国能发新能〔2018〕34号）等。

（二）秸秆发电标杆上网电价政策

国务院办公厅发布的《关于加快推进农作物秸秆综合利用的意见》（国办发〔2008〕105号）明确提出“完善秸秆发电等可再生能源价格政策”的要求。

在国家发展和改革委员会等有关部门发布的一系列可再生能源发电价格补贴法规和政策中，对秸秆发电价格制定与施行影响最大的是国家发展和改革委员会印发的《关于完善农林生物质发电价格政策的通知》（发改价格〔2010〕1579号）。其具体规定为：

第一，对农林生物质发电项目实行标杆上网电价政策。未采用招标确定投资人的新建农林生物质发电项目，统一执行标杆上网电价每千瓦时0.75元（含税，下同）。通过招标确定投资人的，上网电价按中标确定的价格执行，但不得高于全国农林生物质发电标杆上网电价。

第二，已核准的农林生物质发电项目（招标项目除外），上网电价低于上述标准的，上调至每千瓦时 0.75 元；高于上述标准的国家核准的生物质发电项目仍执行原电价标准。

第三，农林生物质发电上网电价在当地脱硫燃煤机组标杆上网电价以内的部分，由当地省级电网企业负担；高出部分，通过全国征收的可再生能源电价附加分摊解决。脱硫燃煤机组标杆上网电价调整后，农林生物质发电价格中由当地电网企业负担的部分要相应调整。

第四，农林生物质发电企业和电网企业要真实、完整地记载和保存项目上网交易电量、价格和补贴金额等资料，接受有关部门监督检查。各级价格主管部门要加强对农林生物质上网电价执行情况和电价附加补贴结算情况的监管，确保电价政策执行到位。

（三）秸秆发电附加补助政策

可再生能源附加补助是我国重要的可再生能源发展市场调节政策，目前，主要施行于可再生能源发电行业。我国可再生能源电价附加征收始于 2006 年，至今已经实施 14 年。

可再生能源电价附加是指为扶持可再生能源发电而在全国销售电量上均摊的加价标准。可再生能源发电附加补助主要通过向电力用户征收电价附加的方式解决，以补偿可再生能源发电项目上网电价高于当地脱硫燃煤机组标杆上网电价的部分、国家投资或补贴建设的公共可再生能源独立电力系统运行维护费用高于当

地省级电网平均销售电价的部分，以及可再生能源发电项目接网费用等。

《可再生能源法》对可再生能源发电附加与分摊做了明文规定。除此之外，目前我国适用于秸秆等农林生物质发电附加补助的行政规章主要有国家发展和改革委员会制定的《可再生能源发电价格和费用分摊管理试行办法》（发改价格〔2006〕7号）和《可再生能源电价附加收入调配暂行办法》（发改价格〔2007〕44号），财政部、国家发展和改革委员会、国家能源局联合制定的《可再生能源发展基金征收使用管理暂行办法》（财综〔2011〕115号）和《可再生能源电价附加补助资金管理暂行办法》（财建〔2012〕102号）。

由于近年来可再生能源发展较快，可再生能源电价附加收支缺口较大。为满足可再生能源发展需要，财政部、国家发展和改革委员会等部门逐步将可再生能源电价附加征收标准由最初的0.1分/千瓦时提升为0.2、0.4、0.8、1.5、1.9分/千瓦时（表5-11），在短短的9年多的时间内将可再生能源电价附加征收标准提高了18倍。

表5-11　可再生能源电价附加征收标准

文号	发布单位	文件名称或资料来源	征收标准（分/千瓦时）	实施时间
/	财政部	关于“完善可再生能源补贴机制”建议的答复（2016年“两会”建议提案答复）	0.1	2006年6月30日至2007年6月30日
			0.2	2007年7月1日至2009年11月19日

（续）

文号	发布单位	文件名称或资料来源	征收标准（分/千瓦时）	实施时间
发改价格〔2009〕2919号	国家发展和改革委员会	关于调整华北电网电价的通知	0.4	2009年11月20日至2011年11月30日
财综〔2011〕115号	财政部、国家发展和改革委员会、国家能源局	可再生能源发展基金征收使用管理暂行办法	0.8	2011年12月1日至2013年9月24日
财综〔2013〕89号	财政部	关于调整可再生能源电价附加征收标准的通知	1.5	2013年9月25日至2015年12月31日
发改价格〔2013〕1651号	国家发展和改革委员会	关于调整可再生能源电价附加标准与环保电价有关事项的通知		
发改价格〔2015〕3105号	国家发展和改革委员会	关于降低燃煤发电上网电价和一般工商业用电价格的通知	1.9	2016年1月1日至今
财税〔2016〕4号	财政部、国家发展和改革委员会	关于提高可再生能源发展基金征收标准等有关问题的通知		

近年来，获得可再生能源发电附加补贴的秸秆等农林生物质发电项目虽然有所增加，但数量和比重仍很低。根据财政部、国家发展和改革委员会、国家能源局发布的《可再生能源电价附加资金补助目录（第六批）》（财建〔2016〕669号）统计，全国获得第六批可再生能源发电附加资金补助的项目共计1 333个，其中，秸秆等农林生物质发电项目仅有46个，占3.45%（表5-12）。

表 5-12　全国可再生能源发电附加资金补助项目（第六批）分类数量

项目	可再生能源发电	其中：生物质发电				
		小计	秸秆等农林生物质发电	农业沼气发电	垃圾填埋沼气发电	垃圾焚烧发电
数量（个）	1 333	141	46	7	32	56
比重（%）	100	10.58	3.45	0.53	2.40	4.20

（四）其他市场调节政策

除上述秸秆发电全额保障性收购政策、秸秆发电标杆上网电价政策和秸秆发电附加补助政策外，其他与秸秆发电密切相关的市场调节政策还有可再生能源发电绿色证书自愿认购交易政策以及国家计划实施的可再生能源发电配额交易政策等。

六、农作物秸秆综合利用信贷优惠政策

在国务院办公厅和各部门发布的有关秸秆综合利用行政指导政策中，多次提出实施信贷优惠的要求。

国务院办公厅《关于加快推进农作物秸秆综合利用的意见》（国办发〔2008〕105 号）明确提出，对秸秆综合利用企业和农机服务组织购置秸秆处理机械给予信贷支持。

国家发展和改革委员会、农业部、环境保护部联合印发的《京津冀及周边地区秸秆综合利用和禁烧工作方案（2014—2015年）》（发改环资〔2014〕2231 号）从完善配套政策的角度提出，

各地要落实国家关于支持小微企业发展的指导意见，给予符合政策的秸秆加工企业信贷优惠等。

国家发展和改革委员会、财政部、农业部、环境保护部联合印发的《关于进一步加快推进农作物秸秆综合利用和禁烧工作的通知》（发改环资〔2015〕2651号）提出：在金融信贷方面鼓励银行业金融机构结合秸秆综合利用项目特点，创新金融产品和服务，按照风险可控、商业可持续原则，积极为秸秆收储和加工利用企业提供金融信贷支持。

目前，国家施行的适用于秸秆综合利用的信贷优惠政策主要有绿色信贷统计制度和小企业授信服务等。

（一）绿色信贷统计制度

为了推动银行业金融机构以绿色信贷为抓手，积极调整信贷结构，有效防范环境与社会风险，更好地服务实体经济，促进经济发展方式转变和经济结构调整，中国人民银行、中国银监会、国家环境保护总局联合发布了一系列的文件，以促进绿色信贷制度的发展。

2007年国家环境保护总局、中国人民银行、中国银监会联合发布的《关于落实环保政策法规防范信贷风险的意见》（环发〔2007〕108号）指出："对不符合产业政策和环境违法的企业和项目进行信贷控制，各商业银行要将企业环保守法情况作为审批贷款的必备条件之一。""各级环境保护部门要依法查处未批先建或越级审批，环保设施未与主体工程同时建成、未经环保验收即擅自投产的违法项目，要及时公开查处情况。即要向金融机构通

报企业的环境信息。而金融机构要依据环保通报情况，严格贷款审批、发放和监督管理，对未通过环评审批或者环保设施验收的新建项目，金融机构不得新增任何形式的授信支持。”同时还针对贷款类型设计了更细致的规定，如对于各级环境保护部门查处的超标排污、未取得许可证排污或未完成限期治理任务的已建项目，金融机构在审查所属企业流动资金贷款申请时，应严格控制贷款。

2012年中国银监会发布的《绿色信贷指引》（银监发〔2012〕4号）指出：“银行业金融机构应当根据国家环保法律法规、产业政策、行业准入政策等规定，建立并不断完善环境和社会风险管理的政策、制度和流程，明确绿色信贷的支持方向和重点领域，对国家重点调控的限制类以及有重大环境和社会风险的行业制定专门的授信指引，实行有差别、动态的授信政策，实施风险敞口管理制度。”同时指出：“银行业金融机构应当加强绿色信贷能力建设，建立健全绿色信贷标识和统计制度，完善相关信贷管理系统。”

根据《绿色信贷指引》的要求，中国银监会制定并实施了绿色信贷统计制度，在其《关于报送绿色信贷统计表的通知》（银监办发〔2013〕185号）中，特将农林废弃物资源化项目、生物质发电项目纳入《节能环保项目及服务贷款情况统计表》，引导金融资源配置及信贷投放，支持农作物秸秆等农林废弃物资源化利用。

数据显示，我国绿色信贷规模已从2013年末的5.20万亿元增长至2017年6月末的8.22万亿元。其中，绿色交通、可再生能源及清洁能源、工业节能节水环保项目贷款余额较大并且增幅居前。

（二）小企业授信服务

根据中国银监会印发的《银行开展小企业授信工作指导意见》（银监发〔2007〕53号），政策性银行和商业性银行（泛指国有商业银行、股份制商业银行、城市商业银行、农村商业银行、农村合作银行、城市信用社、农村信用社、村镇银行和外资银行等）可对小企业（单户授信总额500万元（含）以下和企业资产总额1 000万元（含）以下，或授信总额500万元（含）以下和企业年销售额3 000万元（含）以下的企业）根据其融资主体、融资额度、融资期限、担保方式等要素的不同，提供不同的产品组合服务，可提供流动资金贷款、周转贷款、循环贷款、打包贷款、出口退税账户托管贷款，商业汇票承兑、贴现，买方或协议付息票据贴现，信用卡透支，法人账户透支，进出口贸易融资，应收账款转让，保理，保函，贷款承诺等。对资信良好、确能偿还贷款的小企业，银行可在定价充分反映风险的基础上，发放一定金额、一定期限的信用贷款。

在我国门类众多的秸秆产业化利用企业中，有不少企业属于小企业，可享受政策性银行和商业性银行对小企业的授信服务。

七、农作物秸秆收储加工用地用电政策

农作物秸秆收储加工用地用电政策，主要是将秸秆收储用地（包括加工企业堆场）纳入农业生产设施用地范畴，将秸秆利用企业的秸秆初加工执行农业生产用电电价政策。

早在21世纪初，全国各级地方政府和各类秸秆利用经营主体尤其是秸秆加工利用企业就提出了秸秆收储加工用地、用电的要求，但直到2014年，国家发展和改革委员会、农业部、环境保护部联合发布的《京津冀及周边地区秸秆综合利用和禁烧工作方案（2014—2015年）》（发改环资〔2014〕2231号）才首次提出研究出台秸秆收储加工利用用地、用电配套政策的要求（表5-13），而且这一要求是区域性（京津冀及周边地区）政策要求。

表5-13 国家各部门系列行政规范性文件对秸秆收储加工用地用电和“绿色通道”政策的规定

文件名称	相关内容
国家发展和改革委员会、农业部、环境保护部《京津冀及周边地区秸秆综合利用和禁烧工作方案（2014—2015年）》（发改环资〔2014〕2231号）	研究出台配套政策，一是落实秸秆收储点和堆场用地，解决制约秸秆综合利用收储运瓶颈问题。二是将秸秆捡拾、切割、粉碎、打捆、压块等初加工用电列入农业生产用电价格类别，降低秸秆初加工成本。三是粮棉主产区在农忙季节，应采取方便秸秆运输的有效措施，提高秸秆运输效率
国家发展和改革委员会、财政部、农业部、环境保护部《关于进一步加快推进农作物秸秆综合利用和禁烧工作的通知》（发改环资〔2015〕2651号）	贯彻执行有利于秸秆利用的土地和用电政策。土地政策：秸秆收储设施用地尽量利用存量建设用地、空闲地、废弃地等，原则上按临时用地管理，属于永久性占用的，按建设用地依法依规办理审批手续。电价方面：粮棉主产区和大气污染防治重点地区秸秆捡拾、打捆、切割、粉碎、压块等初加工用电纳入农业生产用电价格政策范围，降低秸秆初加工成本。 各地应出台方便秸秆运输的政策措施，提高秸秆运输效率

（续）

文件名称	相关内容
农业部《关于打好农业面源污染防治攻坚战的实施意见》（农科教发〔2015〕1号）	完善激励政策，研究出台秸秆初加工用电享受农用电价格、收储用地纳入农用地管理
农业部、国家发展和改革委员会、财政部、住建部、环境保护部、科学技术部《关于推进农业废弃物资源化利用试点的方案》（农计发〔2016〕90号）	各地要优先落实项目建设有关土地、水电等条件，将秸秆和畜禽粪污等储存用地按照设施农业用地管理
农业部《东北地区秸秆处理行动方案》（农科教发〔2017〕9号）	完善配套政策。各地结合实际情况，研究出台秸秆运输绿色通道、秸秆深加工享受农业用电价格、还田离田补贴等政策措施

2015年国家发展和改革委员会、财政部、农业部、环境保护部联合发布的《关于进一步加快推进农作物秸秆综合利用和禁烧工作的通知》（发改环资〔2015〕2651号）明确提出贯彻执行有利于秸秆利用的土地和用电政策：在用地方面，秸秆收储设施用地尽量利用存量建设用地、空闲地、废弃地等，原则上按临时用地管理，属于永久性占用的，按建设用地依法依规办理审批手续；在用电方面，将粮棉主产区和大气污染防治重点地区的秸秆捡拾、打捆、切割、粉碎、压块等初加工用电纳入农业生产用电价格政策范围。

在发改环资〔2015〕2651号文印发之后，秸秆初加工用电享受农用电价格的规定被国家各类有关秸秆利用的行政规范性文件所沿用。2017年农业部印发的《东北地区秸秆处理行动方案》（农科教发〔2017〕9号）还明确提出“秸秆深加工享受农业用

电价格”的要求。

在发改环资〔2015〕2651号文印发之后，有关秸秆收储用地的管理规定有了进一步的完善。2015年农业部发布的《关于打好农业面源污染防治攻坚战的实施意见》（农科教发〔2015〕1号）以及2016年农业部、国家发展和改革委员会、财政部、住建部、环境保护部、科学技术部六部委联合发布的《关于推进农业废弃物资源化利用试点的方案》（农计发〔2016〕90号）分别提出将秸秆收储用地“纳入农用地管理”和将秸秆储存用地“按照设施农业用地管理”的要求和规定。由此可见，秸秆收储用地基本上不再受“按临时用地管理”的限制，作为设施农业用地的利用属性得以进一步明确。

八、农作物秸秆运输“绿色通道”政策

农作物秸秆运输“绿色通道”政策即参照鲜活农产品运输“绿色通道”政策，对秸秆运输车辆免收过路过桥费用。

目前，虽然在我国不少市县和部分省份已经实施了秸秆运输“绿色通道”政策，但在国家层面有关秸秆运输的“绿色通道”政策尚不够完善。

2014年国家发展和改革委员会、农业部、环境保护部联合发布的《京津冀及周边地区秸秆综合利用和禁烧工作方案（2014—2015年）》（发改环资〔2014〕2231号）要求“粮棉主产区在农忙季节，应采取方便秸秆运输的有效措施，提高秸秆运输效率。”2015年国家发展和改革委员会、财政部、农业部、环境保护部联合发布的《关于进一步加快推进农作物秸秆综合利用和

禁烧工作的通知》（发改环资〔2015〕2651 号）提出“各地应出台方便秸秆运输的政策措施，提高秸秆运输效率。”

在 2016 年之前，除上述两个行政规范性文件提出“方便秸秆运输”的原则性要求外，国家以秸秆综合利用为主题发布的系列行政规范性文件皆未明文提出实施秸秆运输“绿色通道”的政策要求。

2017 年农业部印发的《东北地区秸秆处理行动方案》（农科教发〔2017〕9 号）针对东北地区秸秆运输提出了“研究出台秸秆运输绿色通道”政策措施的要求。2017 年农业部印发的《种养结合循环农业示范工程建设规划（2017—2020)》（农计发〔2017〕106 号）首次在全国（示范工程）范围内提出“秸秆运输享受绿色通道政策”的要求。

2015 年交通运输部在两会意见答复《关于鼓励支持秸秆收储体系建设的建议》中明确指出：“从当前法律法规和客观现实来看，秸秆运输车辆免收过路、过桥费的条件还不具备。”交通运输部就此给出的主要理由为：

一是根据《收费公路管理条例》规定，鲜活农产品运输等四个方面的运输车辆可以减免车辆通行费，而秸秆不属于供群众生活食用的鲜活农产品，秸秆运输车辆不属于“绿色通道”的减免范围。

二是收费公路的债权人（银行）和投资者都是自负盈亏的独立法人，收费公路的收费范围、收费对象、收费标准、收费期限均是通过省级人民政府行政许可的方式依法取得的。收费公路的债权人、投资者与秸秆收储企业都是平等的市场主体关系，相互之间没有补贴的义务，将秸秆运输车辆纳入通行费减

免范围，会一定程度减损收费公路债权人和投资者的合法权益，违背了市场的公平原则。将影响收费公路的投融资环境和可持续发展，甚至影响政府依法行政的形象和我国市场经济的公信力。

三是收费公路收支缺口持续扩大，不具备扩大车辆通行费减免范围的客观条件。截至 2014 年底，全国收费公路里程 16.26 万千米，累计建设投资总额为 61 449.0 亿元，债务余额为 38 451.4 亿元。2014 年度，全国收费公路通行费收入为 3 916.0 亿元，全国收费公路支出总额为 5 487.1 亿元（其中还本付息支出 4 207.7 亿元），全年收支缺口为 1 571.1 亿元。如果扩大免费范围，必将进一步扩大债务规模，影响收费公路债务的正常偿还。

交通运输部认为“秸秆不是时效性很强的货运品种，且运输距离较短，可选择非收费的普通国省干线和农村公路运输”。

综上所述，秸秆运输“绿色通道”政策的制定与实施，还需要按照国家生态文明建设的战略部署，从社会需求、利益机制、激励机制等方面开展进一步的调查研究，尤其是要在部门协调等方面做深入细致的工作。

九、以企业为主体推进秸秆产业化利用

由表 5 - 2 可见，在国家各部门制定的秸秆综合利用“市场运作”“市场导向”“公众参与”指导原则中，一再提出以“企业为主体”的市场运作要求。由于市场化是产业化的前提和条件，产业化是市场发育的表现形式，因此，国家系列行政规范性文件

对这一要求的具体部署更主要地体现在对秸秆产业化发展的要求上，即通过产业化发展来发挥企业的主体作用，并有效地提升秸秆综合利用的市场化水平。

（一）国办发〔2008〕105号文对大力推进秸秆产业化的要求

国务院办公厅印发的《关于加快推进农作物秸秆综合利用的意见》（国办发〔2008〕105号）对全面推进我国秸秆综合利用发挥了重要的指导作用，直至目前，其依然是指导我国秸秆综合利用的纲领性文件。

国办发〔2008〕105号文从大力推进秸秆产业化发展的角度，首先提出加强规划指导的要求，即以省为单位编制秸秆综合利用中长期发展规划，根据资源分布情况，合理确定秸秆“五料化”利用的目标，统筹考虑秸秆综合利用项目和产业布局。进而做出秸秆产业化发展的四项规定：一是加快建设秸秆收集体系；二是大力推进种植（养殖）业综合利用秸秆；三是有序发展以秸秆为原料的生物质能；四是积极发展以秸秆为原料的加工业。具体要求详见第六章表6-3。

（二）以能源化和原料化为主的产业扶持政策

在国办发〔2008〕105号文发布之后，国家各部门从市场化运作角度制定的秸秆产业化利用扶持政策，主要聚焦于秸秆的能源化利用和原料化利用，其次为秸秆有机肥和食用菌，而对秸秆

饲料化加工处理与利用很少关注。

例如，国家发展和改革委员会、财政部、农业部、环境保护部联合发布的《关于进一步加快推进农作物秸秆综合利用和禁烧工作的通知》（发改环资〔2015〕2651号）提出："各地要做好统筹规划，坚持市场化的发展方向，在政策、资金和技术上给予支持，通过建立利益导向机制，支持秸秆代木、纤维原料、清洁制浆、生物质能、商品有机肥等新技术的产业化发展，完善配套产业及下游产品开发，延伸秸秆综合利用产业链。"

又如，农业部办公厅、财政部办公厅联合发布的《关于开展农作物秸秆综合利用试点促进耕地质量提升工作的通知》（农办财〔2016〕39号）提出："坚持市场主导、政府引导的原则，充分发挥市场主体的作用，对已经形成一定产业规模的生物质燃油、乙醇、秸秆发电、秸秆多糖、秸秆淀粉、造纸、板材等，在现有政策基础上，积极研究加快产业扩张和技术扩散的政策措施，进一步提高秸秆工业化利用率和利用水平。"

再如，农业部印发的《东北地区秸秆处理行动方案》（农科教发〔2017〕9号）提出："针对东北地区秸秆产业化利用主体不多、竞争力不强、效益不高等问题，出台并落实用地、用电、信贷、税收等优惠政策，建立政府引导、市场主体、多方参与的产业化发展培育机制，发展一批生物质供热供气、燃料乙醇、颗粒燃料、板材、造纸、食用菌等领域可市场化运行的经营主体，推动秸秆综合利用产业结构优化和提质增效。""鼓励引导龙头企业、专业合作社、家庭农场、种养大户等新型经营主体，发展以秸秆为原料的生物有机肥、食用菌、成型燃料、生物炭、清洁制浆等新型产业，提高产业化水平。"

（三）高度重视秸秆饲料化利用势在必行

据国家发展和改革委员会和农业部共同组织完成的全国“十二五”规划秸秆综合利用情况终期评估结果，2015年全国秸秆饲料化利用量为1.69亿吨，占秸秆离田利用总量的比重达到48.84%。

2015年全国草食性畜存栏量为9.36个羊单位。按照每个羊单位年消耗460千克粗饲料（饲草）的定额估算，2015年全国草食畜饲草消耗量约为4.31亿吨。由此可见，2015年全国秸秆饲用量占到饲草消耗总量的39.21%。而且，这部分秸秆还不包括全国近1亿吨（鲜重。折风干重约3 500万吨）的青饲玉米等青饲料秸秆。

发展秸秆养畜是保障畜产品有效供给、缓解粮食供求矛盾、丰富居民膳食结构的重要途径，但秸秆加工处理饲用率低，一直是制约我国秸秆畜牧业持续发展的主要瓶颈。农业部编制印发的《全国节粮型畜牧业发展规划（2011—2020年）》（农办牧〔2011〕52号）指出：经过政府和社会各方面的共同努力，全国秸秆加工处理饲用率由1992年的21%提高到2010年的46%。进而提出：要按照“抓规模、提效益、促生产、保供给”的思路，加快转变节粮型畜牧业发展方式，通过加大牧草和秸秆等饲草料资源开发利用力度，做到“不与人争粮、不与粮争地”，力争到2015年和2020年，全国秸秆加工处理饲用率在现有基础上分别提高5个百分点和10个百分点。由之可见，如要达到中等发达国家不低于80%的秸秆加工处理饲用率，需要再提升25个百分点以上。

随着现代畜牧业的持续快速发展，我国散户养殖数量仍将持

续减少，秸秆规模化养殖和秸秆加工处理饲用率的持续提升，必将成为我国秸秆畜牧业发展的现实要求和长期奋斗目标。因此，在国家各部门制定的秸秆产业化利用扶持政策中，很有必要将秸秆饲料化加工处理和高效养殖利用作为发展重点，给予高度重视，力争到2030年将全国秸秆饲用处理率提高到70%以上。

十、社会化服务组织的市场主体地位逐步得以突出显现

由表5-2可见，在“政策扶持，公众参与”“市场导向，政策扶持”或“市场运作，政府扶持”的秸秆综合利用行政指导原则中，虽然一再强调以“企业为主体”，但在秸秆机械化还田和秸秆收储运等领域，各类农业（农机）合作社以及秸秆销售经纪人等社会化服务组织却发挥着越来越重要的作用，其市场主体地位日益突显。同时，其在秸秆综合利用技术推广应用方面也发挥着重要的作用。

（一）以社会化服务组织培育为主的秸秆收储运体系建设

随着实践的发展，秸秆收储运体系建设逐步成为秸秆综合利用的重要组成部分。业界的人们时常将秸秆综合利用称为秸秆“5+1”，即秸秆“五料化”（肥料化、饲料化、燃料化、基料化、原料化）利用和收储运体系建设。尤其是在秸秆综合利用实施方案制定过程中，按照秸秆“5+1”的框架进行统筹安排，往往非

常有效，可基本保障实施方案的系统完整。

在国家各部门发布的系列行政规范性文件中，虽然早就提出秸秆养畜、秸秆堆肥等方面的秸秆产业化利用要求，但直到2008年国务院办公厅《关于加快推进农作物秸秆综合利用的意见》（国办发〔2008〕105号）的发布，才从国家层面明确提出建立秸秆收储运体系的要求。

国办发〔2008〕105号文针对秸秆收储运体系建设提出了如下四个方面的具体要求：一是在秸秆综合利用的主要目标中，明确提出“力争到2015年，基本建立秸秆收集体系”的目标要求。二是从大力推进秸秆产业化的角度，明确提出要“加快建设秸秆收集体系。建立以企业为龙头，农户参与，县、乡（镇）人民政府监管，市场化推进的秸秆收集和物流体系。鼓励有条件的地方和企业建设必要的秸秆储存基地。鼓励发展农作物联合收获、粉碎还田、捡拾打捆、储存运输全程机械化，建立和完善秸秆田间处理体系”。三是从加强技术与设备研发角度提出，通过科技创新、引进和消化吸收，力争在“秸秆收集储运”等四个主要方面取得突破性进展，形成经济、实用的集成技术体系，配套研制操作方便、性能可靠、使用安全的系列机械设备。四是从加大秸秆综合利用投资扶持的角度，提出对“秸秆收集储运等关键技术和设备研发给予适当补助”的要求。

2008年以来，在国家各部门发布的系列行政规范性文件中，不仅先后提出到2015年“基本建立较完善的秸秆田间处理、收集、储运体系”（国家发展和改革委员会、农业部、财政部《“十二五”农作物秸秆综合利用实施方案》（发改环资〔2011〕2615号））和“力争到2020年在全国建立较完善的秸秆还田、收集、

储存、运输社会化服务体系”（国家发展和改革委员会、农业部《关于编制“十三五”秸秆综合利用实施方案的指导意见》（发改办环资〔2016〕2504号））的目标要求，而且从不断完善秸秆收储运体系的角度，提出加大秸秆收储运政策扶持力度、实施秸秆打包离田定额补贴、开展秸秆收储运技术工艺和装备研发、对秸秆收集打包机械实施重点补贴、提供金融信贷支持、落实秸秆收储点和堆场用地政策、采取方便秸秆运输的“绿色通道”政策、制定秸秆收储运体系建设标准等一系列的政策措施。

由表5-14可见，在国家各部门发布的系列行政规范性文件中，有关社会化服务组织培育的要求主要是从秸秆收储运体系建设的角度提出的，其中主要包括农业（农机）合作组织和秸秆经纪人。“积极扶持秸秆收储运服务组织发展”“扶持秸秆经纪人专业队伍”“加快培育秸秆收储运专业化人才和社会化服务组织”等等与之大致相同的内容，往往成为国家各部门对秸秆收储运体系建设的基本指导要求。尤其是国家发展和改革委员会、农业部、财政部《“十二五”农作物秸秆综合利用实施方案》（发改环资〔2011〕2615号）明确提出以“专业合作经济组织为骨干”的秸秆收集储运管理体系建设要求。

表5-14　国家系列行政规范性文件对社会化服务组织培育的要求

文件名称	具体要求
国务院办公厅《关于加快推进农作物秸秆综合利用的意见》（国办发〔2008〕105号）	充分发挥现有农村基层组织和服务组织的作用，从推广成熟实用技术入手，重视技术交流、信息传播和知识普及，提高农民综合利用秸秆的技能，使秸秆综合利用真正成为农业增产增效和农民增收致富的有效途径。 对秸秆综合利用企业和农机服务组织购置秸秆处理机械给予信贷支持

（续）

文件名称	具体要求
国家发展和改革委员会、农业部、财政部《“十二五”农作物秸秆综合利用实施方案》（发改环资〔2011〕2615号）	探索建立有效的秸秆田间处理、收集、储存及运输系统模式。加快建立以市场需求为引导，企业为龙头，专业合作经济组织为骨干，农户参与，政府推动，市场化运作，多种模式互为补充的秸秆收集储运管理体系。 扶持引导基层服务组织的发展，加快秸秆综合利用技术的推广应用
国家发展和改革委员会、农业部、财政部《京津冀及周边地区秸秆综合利用和禁烧工作方案（2014—2015年）》（发改环资〔2014〕2231号）	建立秸秆收储运体系。秸秆收集储运站原则上与秸秆生物气化、秸秆热解气化、秸秆固化成型、秸秆碳化等实用技术示范配套，根据当地种植制度、秸秆利用现状和收集运输半径，支持农业合作社、农业企业和经纪人等，因地制宜建设秸秆收集储运站。 实施秸秆机械还田补贴项目，对实施秸秆机械粉碎、破茬、深耕和耙压等机械化还田作业的农机服务组织进行定额补贴
国家发展和改革委员会、财政部、农业部、环境保护部《关于进一步加快推进农作物秸秆综合利用和禁烧工作的通知》（发改环资〔2015〕2651号）	完善秸秆高效收集体系。各地要根据当地农用地分布情况、种植制度、秸秆产生和利用现状，鼓励农户、新型农业经营主体在购买农作物收获机械时，配备秸秆粉碎还田或捡拾打捆设备，完善激励措施，健全服务网络，开展秸秆还田、收储服务。 建立专业化的秸秆储运网络。各地要积极扶持秸秆收储运服务组织发展，建立规范的秸秆储存场所，促进秸秆后续利用。各地应出台方便秸秆运输的政策措施，提高秸秆运输效率。鼓励有条件的企业和社会组织组建专业化秸秆收储运机构，鼓励社会资本参与秸秆收集和利用，逐步形成商品化秸秆收储和供应能力，实现秸秆收储运的专业化和市场化。 技术培训与推广。各地要切实加强对秸秆还田、饲料化、能源化、原料化领域新技术的创新，扶持引导基层农技部门、社会化服务体系推广应用先进适用的秸秆综合利用技术。各地要充分发挥相关行业学会协会，现有农村基层组织和服务组织的作用，组织开展多种形式的农机作业和秸秆收储运规范培训，大力推广秸秆综合利用实用成熟技术，提高农民秸秆综合利用技术能力

（续）

文件名称	具体要求
国家发展和改革委员会、农业部《关于编制“十三五”秸秆综合利用实施方案的指导意见》（发改办环资〔2016〕2504号）	力争到2020年在全国建立较完善的秸秆还田、收集、储存、运输社会化服务体系，基本能形成布局合理、多元利用、可持续运行的综合利用格局。 通过发展专业化农机合作社，配备秸秆粉碎机、大马力秸秆还田机、深松机等相关农机设备，大力推进秸秆机械化粉碎还田和快速腐熟还田，继续推广保护性耕作技术。 根据秸秆离田利用产业化布局和农用地分布情况，建设秸秆收储场（站、中心），扶持秸秆经纪人专业队伍，配备地磅、粉碎机、打捆机、叉车、消防器材、运输车等设备设施，实现秸秆高效离田、收储、转运、利用。 大力发展以秸秆为基料的食用菌生产，培育壮大秸秆生产食用菌基料龙头企业、专业合作组织、种植大户，加快建设现代高效生态农业
农业部办公厅、财政部办公厅《关于开展农作物秸秆综合利用试点　促进耕地质量提升工作的通知》（农办财〔2016〕39号）	充分发挥农民、社会化服务组织和企业的主体作用，通过政府引导扶持，调动全社会参与积极性，打通利益链，形成产业链，实现多方共赢。 充分发挥社会化服务组织的作用。各地要加快培育发展秸秆收储运等农村社会化服务组织，并将农机购置补贴、粮食适度规模经营、农业生产全程社会化服务、农村一二三产业融合发展等扶持措施与秸秆综合利用有机结合，形成政策合力，做大做强秸秆综合利用的基础平台。 开展地力培肥及退化耕地治理的地区，可采取物化补助和购买服务相结合的方式，促进社会化服务组织发展
农业部《东北地区秸秆处理行动方案》（农科教发〔2017〕9号）	以新型农业经营主体为依托，提高秸秆收储运专业化水平。针对东北地区秸秆收储运主体少、装备水平低等问题，加快培育秸秆收储运专业化人才和社会化服务组织，建设秸秆储存规范化场所，配备秸秆收储运专业化装备，建立玉米主产县（农场）全覆盖的服务网络，逐步形成商品化秸秆收储和供应能力，实现秸秆收储运的专业化和市场化，促进秸秆后续利用。 培育新型主体。鼓励引导龙头企业、专业合作社、家庭农场、种养大户等新型经营主体，发展以秸秆为原料的生物有机肥、食用菌、成型燃料、生物炭、清洁制浆等新型产业，提高产业化水平

另外，农业企业也时常被作为秸秆收集储运体系建设的主体。

（二）农机社会化服务组织与秸秆机械化利用

秸秆综合利用的进展与农机化水平的提高是分不开的。农业部副部长张桃林《在全国秸秆机械化还田离田暨东北地区秸秆处理行动现场会上的讲话》中指出："2016 年，我国主要农作物机械化秸秆还田面积达 7.2 亿亩、捡拾打捆面积达 0.65 亿亩，保护性耕作面积达到 1.3 亿亩，机械化利用秸秆总量达到 4.65 亿吨，特别是小麦秸秆基本实现了以还田为主的机械化处理。"

据国家发展和改革委员会和农业部共同组织完成的全国"十二五"规划秸秆综合利用情况终期评估结果，2015 年全国主要农作物秸秆理论资源量为 10.4 亿吨，可收集秸秆资源量为 9.0 亿吨，利用量为 7.2 亿吨。由之可见，即使将 1.4 亿吨的秸秆残留还田量（=秸秆理论资源量 10.4 亿吨－秸秆可收集资源量 9.0 亿吨）包括在内，全国秸秆机械化利用量占已利用秸秆总量（=可收集秸秆利用量 7.2 亿吨＋秸秆残留还田量 1.4 亿吨=8.6 亿吨）的比重也达到了近 55%。

众所周知，秸秆机械化利用的市场主体主要是农机社会化服务组织，包括农机合作社和个体农机手。为此，国家各部门多次提出对农机服务组织进行鼓励和投资扶持的要求。例如：

2014 年国家发展和改革委员会、农业部、财政部《京津冀及周边地区秸秆综合利用和禁烧工作方案（2014—2015 年）》（发改环资〔2014〕2231 号）提出："实施秸秆机械还田补贴项

目，对实施秸秆机械粉碎、破茬、深耕和耙压等机械化还田作业的农机服务组织进行定额补贴。”

2015 年，国家发展和改革委员会、财政部、农业部、环境保护部《关于进一步加快推进农作物秸秆综合利用和禁烧工作的通知》（发改环资〔2015〕2651 号）提出：“鼓励农户、新型农业经营主体在购买农作物收获机械时，配备秸秆粉碎还田或捡拾打捆设备，完善激励措施，健全服务网络，开展秸秆还田、收储服务。”

2016 年，国家发展和改革委员会、农业部《关于编制“十三五”秸秆综合利用实施方案的指导意见》（发改办环资〔2016〕2504 号）提出：“通过发展专业化农机合作社，配备秸秆粉碎机、大马力秸秆还田机、深松机等相关农机设备，大力推进秸秆机械化粉碎还田和快速腐熟还田，继续推广保护性耕作技术。”

同年，农业部办公厅、财政部办公厅《关于开展农作物秸秆综合利用试点　促进耕地质量提升工作的通知》（农办财〔2016〕39 号）又提出：“开展地力培肥及退化耕地治理的地区，可采取物化补助和购买服务相结合的方式，促进社会化服务组织发展。”

（三）社会化服务组织与秸秆综合利用技术推广

国务院办公厅《关于加快推进农作物秸秆综合利用的意见》（国办发〔2008〕105 号）提出：“充分发挥现有农村基层组织和服务组织的作用，从推广成熟实用技术入手，重视技术交流、信息传播和知识普及，提高农民综合利用秸秆的技能。”

国家发展和改革委员会、农业部、财政部《“十二五”农作物秸秆综合利用实施方案》（发改环资〔2011〕2615号）提出：“扶持引导基层服务组织的发展，加快秸秆综合利用技术的推广应用。”

国家发展和改革委员会、财政部、农业部、环境保护部《关于进一步加快推进农作物秸秆综合利用和禁烧工作的通知》（发改环资〔2015〕2651号）提出：“各地要充分发挥相关行业学会协会、现有农村基层组织和服务组织的作用，组织开展多种形式的农机作业和秸秆收储运规范培训，大力推广秸秆综合利用实用成熟技术，提高农民秸秆综合利用技术能力。”

由上述国家行政指导要求不难看出，农村基层组织和服务组织一直被作为秸秆综合利用技术学以致用的主体。

实践表明，农村基层组织和服务组织尤其是农机服务组织，在秸秆直接还田、秸秆打包离田等技术的推广普及和实际应用中，发挥着越来越重要的作用。

十一、全方位培育市场主体

农业农村部办公厅《关于全面做好秸秆综合利用工作的通知》（农办科〔2019〕20号）明确将“培育市场主体”作为全面做好秸秆综合利用工作的重点内容。具体要求为：“各省农业农村部门要坚持政府引导、市场运作的原则，大力培育秸秆收储运服务主体，构建县域全覆盖的秸秆收储和供应网络，打通秸秆离田利用瓶颈。围绕秸秆肥料化、饲料化、燃料化、基料化和原料化等领域，发展一批市场化利用主体，延伸产业链、提升价值链，加快推进秸秆综合利用产业结构优化和提质增效。”

目前，我国秸秆综合利用市场主体培育主要存在两个方面的问题：一是龙头企业培育不足，秸秆新型产业化利用水平亟待提升；二是对社会化服务组织的市场主体地位认识不足。

国家发展和改革委员会办公厅、农业部办公厅《关于印发编制“十三五”秸秆综合利用实施方案的指导意见》（发改办环资〔2016〕2504 号）明确指出，我国秸秆综合利用工作面临着扶持政策有待完善、科技研发力度仍需加强、收储运体系不健全、龙头企业培育不足等方面的问题。同时提出，在龙头企业培育方面面临的问题主要是“秸秆综合利用可推广、可持续的秸秆利用商业模式较少，龙头企业数量缺乏，带动作用明显不足，综合利用产业化发展缓慢”。

据初步估算，目前我国秸秆新型产业化利用量，包括秸秆新型能源化利用量 0.20 亿～0.24 亿吨、秸秆原料化利用量 0.24 亿吨、秸秆工厂化堆肥利用量 0.04 亿吨在内，合计为 0.48 亿～0.52 亿吨，约占秸秆可收集利用量的 5.33%～5.78%和秸秆离田利用总量的 12.24%～13.37%。由之可见，秸秆新型产业化利用能力严重不足，已成为我国秸秆产业化利用的突出问题。

未来我国秸秆产业化利用，要在进一步推进秸秆养畜和秸秆食用菌等基础产业良性发展的基础上，按照中共中央办公厅、国务院办公厅《关于创新体制机制推进农业绿色发展的意见》（中办发〔2017〕56 号）提出的“开展秸秆高值化、产业化利用”的要求，以产业门类的技术成熟度、产业经济的内在效益和外在效用为评判标准，对秸秆离田利用的各新型产业门类进行详尽的技术性、经济性和生态性评价，明确其高值化利用的优先序，并据其给予有重点扶持和积极推进，逐步将我国秸秆新型产业化利用推上一个新台阶。

与此同时，在未来国家秸秆综合利用政策制定中，要充分强调各类社会化服务组织在秸秆机械化还田和秸秆收储运等领域的市场主体地位，通过加大政策引导和扶持，构建县域全覆盖的秸秆机械化还田和收储运服务网络。

十二、公众参与和农民积极性调动

中共中央办公厅、国务院办公厅《关于创新体制机制推进农业绿色发展的意见》明确提出将“秸秆综合利用”作为实施农业绿色发展的全民行动之一。

早在1998年，农业部、财政部、交通部、国家环境保护总局和中国民航总局等五部门联合印发的《关于严禁焚烧秸秆保护生态环境的通知》（农环能〔1998〕1号）就明确指出：“秸秆禁烧和综合利用是国家利益为主的公益性事业”“要把政府行为目标和农民利益结合起来……用效益吸引群众，充分调动农民综合利用秸秆的积极性。”2003年，农业部《关于进一步加强农作物秸秆综合利用工作的通知》（农机发〔2003〕4号）又指出，要“认真总结经验，探索经济有效的秸秆综合利用运行机制，充分调动广大基层服务组织和农民的积极性，促进秸秆综合利用工作尽快走上一个良性发展轨道”。但直到目前，秸秆综合利用“农民直接受益不多”的问题仍没能得到较好的解决。正如2011年国家发展和改革委员会、农业部、财政部联合印发的《“十二五”农作物秸秆综合利用实施方案》（发改环资〔2011〕2615号）所指出的那样，目前“国家已出台的一些鼓励秸秆综合利用的政

策，农民直接受益的不多，有待进一步完善”。2011年国家发展和改革委员会、农业部、环境保护部联合印发的《京津冀及周边地区秸秆综合利用和禁烧工作方案（2014—2015年）》（发改环资〔2014〕2231号）也指出，目前我国秸秆综合利用仍“缺少能够使广大农民和企业‘双赢’的有效经济政策”。

农民群众不仅是秸秆的物权人，而且是秸秆处置行为的直接当事人。秸秆综合利用具有较强的外部生态性和公益性，现已成为与广大农民群众密切相关的农业绿色发展行动。在秸秆综合利用活动中，无论是秸秆还田，还是秸秆离田，与秸秆就地焚烧“净地”耕作相比，农民都会新增一定的负担或额外支出。为了保护农民利益，将秸秆综合利用切实作为实施农业绿色发展的全民行动，必须采取相应的对策。

（一）秸秆还田新增农民负担与秸秆还田补贴

就秸秆还田而言，农民一般会新增两个方面的额外支出：一是秸秆机械粉碎新增作业费用。以黄淮海地区玉米秸秆机械粉碎还田为例，在玉米机收秸秆（由收获机同步进行玉米秸秆初次粉碎）抛撒地表后，一般需要利用秸秆还田机对玉米秸秆再粉碎1～2遍。如果是粉碎1遍，每亩费用一般为30～40元；如果是连续粉碎2遍，每亩费用一般为50～60元。如果地表秸秆较多，在旋耕整地时，个别时候还需要增加1遍旋耕，即由时常的2遍旋耕变为3遍旋耕。新增1遍旋耕收费一般为20～30元。二是秸秆还田增施氮肥费用。按照黄淮海地区玉米秸秆产量和玉米秸秆碳氮比计算，每亩玉米秸秆需要增施8～10千克尿素或同等氮素含量的碳铵等氮素化肥。按每千克尿素2元计算，需花费16～20元。在秸秆还田科普宣传比较到位的江苏、山东等地，不少农民已经认识到秸秆还田增施氮肥的必要性，并采取先在秸秆上撒施氮肥（秸秆越湿鲜越好），紧接着进行秸秆机械粉碎的做法开展秸秆机械粉碎还田增施氮肥作业。但农民撒施氮肥量一般超过理论需要量，如尿素，用量一般为10～20千克。如果不增施氮肥，秸秆腐解微生物将主要从土壤中吸收氮素，由此对农作物生长造成的影响最终仍要由农民自己背负。根据不同的秸秆机械粉碎还田作业量，上述两个方面的费用之和大致为每亩55～80元，相当于黄淮海地区现实平均每亩玉米种植总收入的8%～12%左右。

目前，我国秸秆还田补贴已有一定的受众。除财政部和农业部在全国12个省份实施的秸秆综合利用试点项目外，北京、天津、上海、江苏、安徽、宁夏、黑龙江等省（自治区、直辖市）也利用省级财政对包括秸秆还田在内的秸秆综合利用项目进行了直补。例如江苏省，从2014年起，省财政秸秆还田补助标准从原来的全省平均每亩10元提高到平均每亩20元，其中，苏南每亩10元、苏中每亩20元、苏北每亩25元（按省政府有关政策规定，兴化、高邮和宝应亦执行25元/亩的标准）。又如安徽省，对秸秆还田小麦、玉米、油菜按照20元/亩、水稻按照10元/亩的标准进行奖补，其中省财政对皖北三市九县及大别山片区县补助70%，对合肥、芜湖、马鞍山、铜陵市补助30%，其他地区补助50%，剩余部分由市、县财政足额配套，承担比例由各市确定；省级国有农场奖补资金由省财政全额承担。另外，全国还有不少市（地）、县（市、区）利用地方财政进行秸秆还田直补或在省级财政补贴的基础上进行追加补贴。

但就总体而言，我国秸秆还田补贴的受众仍很有限，即使是纳入国家秸秆综合利用试点的县和上述已经实施秸秆还田补贴的省份，也大多没能实现秸秆还田全覆盖。

为使我国秸秆综合利用“农用优先”的指导原则得以有效落实，充分调动农民大众秸秆还田、培肥土壤的积极性，将秸秆综合利用尤其是秸秆还田切实变成农业绿色发展的全民行动，各级政府要按照“完善农作物秸秆综合利用制度”的最高指示精神，大力提升秸秆还田的投资扶持力度，以重点地区和主要作物先行先试为基础，逐步增加秸秆还田补贴的受益面，并力争早日在全国范围内建立起“应补尽补”的秸秆还田补贴普惠制度，从而使农民秸秆还田新增费用得到应有的补偿，并使农民秸秆还田的公益性价值得到有效的体现。

未来我国秸秆还田补贴普惠制度的建立可先期考虑以小麦、玉米、水稻、棉花、油菜、甘蔗（叶稍）六大作物秸秆还田为重点。按照此六大作物的现实秸秆还田面积（约 11 亿亩）和平均每亩 15 元的补贴标准计，每年共需财政补贴 165 亿元左右。如果这部分资金全部由国家财政支出，约相当于国家现实农林水财政年度总支出的 0.85%。另外，省地县三级财政可考虑给予平均每亩 5～10 元的配套补贴。

（二）秸秆打包离田给农民带来的损失与改进措施

就秸秆离田而言，农民为了抢时“净地”耕作，一般将秸秆免费送给秸秆打包收集者，秸秆打包收集者一般也不向农民收取费用（个别地区会为农民提供一定的免费耕作、播种等服务）。但在秸秆打包离田过程中，一般会给农民带来如下两个方面的损失：一是秸秆打包离田要经过搂草集条、捡拾打捆、抓捆装车运出农田三个主要环节的机械作业，在此过程中农田要经过搂草机（或割草搂草一体机）、打捆机、抓草机和运输车的四次碾压，这对于我国广大农区经过长期旋耕整地、耕层“浅、实、少”的农田来说无疑是雪上加霜。二是对经过农作物收获机械粉碎后抛撒在田间的秸秆进行捡拾打捆，含土量一般在10%～15%左右。每进行1次秸秆捡拾打捆，保守估计，每亩农田将损失30～40千克的土壤，而且这部分土壤都是熟土、肥土。虽然其数量看起来微不足道，但经过3～4次的秸秆捡拾打捆，其所带走的土壤就相当东北黑土区、北方土石山区等地区一年的土壤轻度侵蚀量。

针对秸秆打包离田机械作业存在的上述问题：一要尽快研发并推广秸秆搂草、打捆一体机和抓草、运输一体车，以尽可能地减少农田碾压。二要大力推行农作物收获、秸秆打捆一体化作业，实现对秸秆的不落地“无土”打包。三要适度降低秸秆捡拾作业强度，将打包秸秆的含土量控制在10%以下，减少农田土壤流失，同时提高捡拾打包秸秆质量。

十三、结语

秸秆禁烧和综合利用是“国家利益为主的公益性事业”，这一定位已成为国家各部门和地方各级政府制定秸秆禁烧和综合利用政策的基本依据和重要出发点。

在国家各部门发布的以秸秆综合利用和/或禁烧为题的行政规范性文件中，十分重视配套政策的完善，并始终强调加大政策扶持力度。早期倡导的扶持政策主要着眼于技术研发、试点示范和技术培训，以及企业扶持。随着实践的发展，逐步建立起了以财政补贴、税收优惠、信贷优惠、土地利用、用电价格等为主要内容的秸秆综合利用政策体系，以及以秸秆发电为主的市场调控和价格优惠政策，并确立了以秸秆直接还田和秸秆养畜过腹还田等农用方式为主的财政扶持方向，同时提出对亟须农机装备的应补尽补和对基层服务组织的投资扶持，而且针对东北地区的秸秆处理行动提出了研究出台秸秆运输绿色通道、秸秆深加工享受农业用电价格等政策的要求。

在“政策扶持，公众参与”“市场导向，政策扶持”或“市场运作，政府扶持”的秸秆综合利用行政指导原则中，虽然一再强调以“企业为主体”，但在秸秆机械化还田和秸秆收储运等领域，各类社会化服务组织却发挥着越来越重要的作用，其市场主体地位日益突显。现有国家行政规范性文件亦同时将龙头企业、秸秆收储运和秸秆还田农机作业服务组织纳入主要的政策扶持和补贴对象。但我国秸秆新型产业化利用能力严重不足的问题仍十分突出。

国家行政规范性文件虽然曾明确提出将农民作为政策扶持对象，但其在具体的政策规定中却乏善可陈，缺少能够使广大农民和企业“双赢”尤其是农民直接受益的经济政策。如何进一步增加秸秆还田补贴受众以及减少农民在秸秆打包离田中的损失，将成为我国秸秆综合利用政策改进的重要方向。

第六章　因地制宜与突出重点

我国是一个农业大国，区域自然、经济、社会条件和农业发展水平千差万别，农作物秸秆种类、理论产量、可收集利用量、利用现状和构成、利用潜力都存在很大的区域差异。在国家系列行政规范性文件和秸秆综合利用实践中，始终遵循着“因地制宜，突出重点”的指导原则，对我国秸秆综合利用的科学决策和高效推进发挥了重要的作用。

一、国家系列行政规范性文件对因地制宜与突出重点等秸秆综合利用行政指导原则的各自表述

在国家系列行政规范性文件中，“因地制宜，突出重点”“因地制宜，分类指导”“统筹规划，合理布局”“统筹规划，突出重点”都曾经作为秸秆综合利用的行政指导原则（表 6 - 1）。

“因地制宜”是秸秆综合利用的总体指导原则，可作为编制秸秆综合利用规划和实施方案的基本要求。“因地制宜”重在强调根据各地资源环境条件和经济社会特点，尤其是种植业和养殖业特点、秸秆资源状况和利用现状，合理确定其秸秆综合利用的总体要求

和发展目标、适宜方式和技术路线、主要任务和建设重点等等。

表6-1　国家系列行政规范性文件对因地制宜与突出重点等秸秆综合利用指导原则的各自表述

文件名称	指导原则	具体表述
国务院办公厅《关于加快推进农作物秸秆综合利用的意见》（国办发〔2008〕105号）	因地制宜，分类指导	结合各地生产条件和经济发展状况，进一步优化秸秆综合利用结构和方式，分类指导，逐步提高秸秆综合利用效益
	统筹规划，突出重点	根据秸秆的种类和分布，统筹编制秸秆综合利用规划，稳步推进，重点抓好秸秆禁烧及剩余秸秆综合利用工作
国家发展和改革委员会和农业部《关于编制秸秆综合利用规划的指导意见》（发改环资〔2009〕378号）	因地制宜，突出重点	根据各地种植业、养殖业的现状和特点，秸秆资源的数量、品种和利用方式，合理选择适宜的秸秆综合利用技术进行推广应用。在满足农业利用的基础上，合理引导秸秆成型燃烧、秸秆气化、工业利用等方式，逐步提高秸秆综合利用效益。近期做好机场周边、高速公路沿线和大中城市郊区的秸秆综合利用工作，防止对交通运输和城乡居民生活造成严重危害
国家发展和改革委员会、农业部、财政部《"十二五"农作物秸秆综合利用实施方案》（发改环资〔2011〕2615号）	因地制宜，突出重点	根据各地种植业、养殖业特点和秸秆资源的数量、品种，结合秸秆利用现状，选择适宜的综合利用方式。选择重点区域、重点领域，建设一批示范工程，扶持一批重点企业，加快推进秸秆综合利用产业发展
国家发展和改革委员会和农业部《关于编制"十三五"秸秆综合利用实施方案的指导意见》（发改办环资〔2016〕2504号）	统筹规划，合理布局	根据各地秸秆品种和资源量、生产生活方式、产业布局等，统筹编制秸秆综合利用实施方案，因地制宜，合理安排"五料化"利用的优先时序，避免资源竞争或资源不足

（续）

文件名称	指导原则	具体表述
农业部办公厅和财政部办公厅《关于开展农作物秸秆综合利用试点 促进耕地质量提升工作的通知》（农办财〔2016〕39号）	集中连片，整体推进	优先支持秸秆资源量大、禁烧任务重和综合利用潜力大的区域，整县推进
农业部《东北地区秸秆处理行动方案》（农科教发〔2017〕9号）	统筹规划，合理布局	根据东北地区秸秆资源种类和资源量、生产方式、农民意愿、产业布局等，统筹编制秸秆综合利用方案，因地制宜，合理安排秸秆肥料化、饲料化、燃料化、基料化、原料化利用的优先时序，避免资源竞争或资源不足
国家发展和改革委员会办公厅、农业部办公厅、国家能源局综合司《关于开展秸秆气化清洁能源利用工程建设的指导意见》（发改办环资〔2017〕2143号）	区域统筹，因地制宜	根据当地秸秆种类和产生量、秸秆综合利用现状与发展条件、社会经济发展水平、农村清洁能源需求，统筹规划，合理布局
	突出重点，集中建设	以生态文明试验区、先行示范区，循环经济示范城市（县）和绿色能源示范县、农业可持续发展试验示范区为重点，以乡镇居民集中居住区为中心集中建设，整县推进

“因地制宜，突出重点”是我国秸秆综合利用综合性较强的指导原则之一。同等层次的原则还有前文已经阐述的“以用促禁，以禁促用”“农用优先，多元利用”“科技支撑，试点示范”“政策扶持，市场运作”。“因地制宜，分类指导”“统筹规划，合理布局”“统筹规划，突出重点”都是对“因地制宜，突出重点”原则某一侧面的、具象化的、有重点的表达。

“突出重点”是对“因地制宜”总体指导原则的有效落实和

具体体现。在“因地制宜”的原则指导下，明文规定的秸秆综合利用重点区域、主要作物、关键农时、重点领域、重点工程等，都属于实在意义上的“突出重点”。

“因地制宜，分类指导”是在“因地制宜”原则的指导下，通过类比和归纳分析，明晰秸秆综合利用的重点区域和重点建设内容，以便对其做出有针对性的安排和有序推进。

“统筹规划，合理布局”是在“因地制宜”原则的指导下，对不同区域的秸秆综合利用进行合理安排，从而使重点区域的秸秆综合利用得以切实加强。

“统筹规划，突出重点”是在“因地制宜”原则的指导下，对秸秆综合利用做出系统全面的安排，并使秸秆综合利用的重点得以充分体现和有效落实，以提高秸秆综合利用的效率。

随着秸秆综合利用工作的深入推进，近年来国家各部门制定了两大重点区域的秸秆综合利用方案，即国家发展和改革委员会、农业部、环境保护部《京津冀及周边地区秸秆综合利用和禁烧工作方案（2014—2015 年）》（发改环资〔2014〕2231 号）和农业部《东北地区秸秆处理行动方案》（农科教发〔2017〕9 号）。其中，《东北地区秸秆处理行动方案》完全沿用了国家发展和改革委员会和农业部《关于编制“十三五”秸秆综合利用实施方案的指导意见》（发改办环资〔2016〕2504 号）的指导原则（详见表 6 - 1）；《京津冀及周边地区秸秆综合利用和禁烧工作方案（2014—2015 年）》虽然没有给出秸秆综合利用的指导原则，但对“因地制宜，突出重点”的要求在文中有充分的体现。

同时，实施了两个国家项目，即“农作物秸秆综合利用试点”项目和“秸秆气化清洁能源利用工程”项目。农业部办公厅、财政部办公厅联合印发的《关于开展农作物秸秆综合利用试点 促进耕地质量提升工作的通知》（农办财〔2016〕39号）和国家发展和改革委员会办公厅、农业部办公厅、国家能源局综合司联合印发的《关于开展秸秆气化清洁能源利用工程建设的指导意见》（发改办环资〔2017〕2143号）分别给出了“集中连片，整体推进”“区域统筹，因地制宜”“突出重点，集中建设”的指导原则，具体如表6-1所示。有关该两个项目的具体规定和主要要求请详见第五章“农作物秸秆综合利用投资扶持政策”。

二、国家早期系列行政规范性文件对秸秆综合利用重点区域和重点建设内容的规定

国家各部门早期发布的系列行政规范性文件，对秸秆综合利用的重点区域、主要作物、关键农时、主要技术、重点工作等给以逐步的完善，但没有从秸秆收储运和“五料化”利用的角度提出系统的秸秆利用工程。而且早期的秸秆综合利用行政指导政策，主要是顺应秸秆禁烧的要求，按照“疏堵结合，以疏为主”的秸秆禁烧和综合利用指导方针，将秸秆焚烧和危害较重的地区作为秸秆综合利用的重点地区。

（一）1997年农业部《关于严禁焚烧秸秆做好秸秆综合利用工作的紧急通知》提出以秸秆还田技术推广为主的工作要求

我国秸秆焚烧始于20世纪80年代中期。到90年代中期，

秸秆焚烧已遍及全国各主要农区。针对秸秆焚烧的严峻形势，农业部于1997年5月4日发布了《关于严禁焚烧秸秆，切实做好夏收农作物秸秆还田工作的通知》。但此之后，有的地方秸秆焚烧有增无减，为此，1997年6月11日农业部又下发了《关于严禁焚烧秸秆做好秸秆综合利用工作的紧急通知》。

《关于严禁焚烧秸秆做好秸秆综合利用工作的紧急通知》的主要要求是秸秆禁烧，但同时提出“要做好秸秆综合利用工作，结合‘沃土计划’和‘秸秆养畜’示范活动，大力推广机械化秸秆还田、秸秆高温沤肥、秸秆氨化过腹还田等技术成果，提高秸秆的利用率”。

（二）1998年农业部等五部门明确提出将“重点城市和重点部位”作为秸秆禁烧和综合利用管理的重点

1998年农业部、财政部、交通部、国家环境保护总局和中国民航总局五部门联合发布的《关于严禁焚烧秸秆保护生态环境的通知》（农环能〔1998〕1号）提出：各级政府和有关部门“要选择重点城市和重点部位，建立报告制度，明确责任，狠抓落实，努力做到禁烧有力，利用有方”。

（三）2003年农业部提出的重点区域、主要作物和关键农时已经成为秸秆综合利用“因地制宜，突出重点”指导原则的基本要求

2003年农业部发布的《关于进一步加强农作物秸秆综合利

用工作的通知》(农机发〔2003〕4号)明确指出:近期,秸秆综合利用工作的总体思路是以解决秸秆焚烧对城市居民生活、民航飞行和公路干线交通造成的危害为首要目标,狠抓重点区域、主要作物、关键农时,疏堵结合,齐抓共管,综合利用。同时指出:经农业部研究确定,重点区域是北京、天津、石家庄、郑州、西安、济南、成都、南京、上海、重庆等10个大中城市郊区,京珠(北京—郑州段)、沪宁、济青、西宝、成渝5条高速公路沿线,首都机场、天津机场、西安咸阳机场、成都双流机场和南京禄口机场等5个机场周边地区;主要作物是黄淮海平原的小麦和玉米,长江流域的双低油菜和稻麦;关键农时是突出抓好“三夏”“三秋”两个季节的秸秆综合利用工作。

农机发〔2003〕4号文所提出的重点区域、主要作物和关键农时等方面的要求,已经成为全国上下落实秸秆综合利用“因地制宜,突出重点”指导原则,制定秸秆综合利用实施方案、工作计划所必须考虑的基本内容。

农机发〔2003〕4号文还提出了“因地制宜,积极推动各项关键综合利用技术的推广应用”的秸秆综合利用措施,并针对平原地区和大中城市郊区、丘陵与经济欠发达地区、草食动物比较集中地区、经济较发达地区等不同的类型区提出了相应的技术推广应用要求(详见第四章“建立新型的农牧结合制度”)。

(四)2003年国家环境保护总局提出的重点禁烧区秸秆综合利用工作要求

2003年国家环境保护总局印发的《关于加强秸秆禁烧和综合

利用工作的通知》（环发〔2003〕78号）提出：为有效探索禁烧秸秆治本措施，在加强秸秆禁烧工作的同时，要进一步加大对秸秆综合利用的支持力度，积极研究、开发、推广秸秆综合利用技术。特别要重视秸秆剩余量较大、焚烧现象严重的大中城市郊区，高速公路、铁路沿线和机场周边地区的综合利用工作，积极引导农民因地制宜地开展并推广秸秆机械化还田技术，秸秆青贮、氨化、堆沤、快速腐熟、加工、保护性耕作、能源转化利用等综合利用技术。

（五）2007年农业部提出的秸秆焚烧问题严重地区的秸秆综合利用工作要求

2007年麦收时节，一些地区特别是北京周边地区再次出现了大面积违规焚烧秸秆现象，造成北京空气重度污染。国家领导对此现象给予高度重视，并批示要求加强管理和引导。为此，农业部办公厅于6月14日印发了《关于进一步加强秸秆综合利用禁止秸秆焚烧的紧急通知》（农办机〔2007〕20号），提出“各地特别是北京、天津、河北、河南、陕西、山东、安徽、江苏、四川等农业、农机部门要把秸秆综合利用作为一项重要工作来抓，切实增强责任意识，制定切实办法和制度，采取有效措施，把工作做实，抓出成效”。

（六）2009年国家发展和改革委员会和农业部《关于编制秸秆综合利用规划的指导意见》提出的秸秆综合利用“重点实施领域”

2008年，国务院办公厅印发了《关于加快推进农作物秸秆综合利用的意见》（国办发〔2008〕105 号），明确提出“统筹编制秸秆综合利用规划”“加强规划指导”“以省为单位编制秸秆综合利用中长期发展规划”“发展改革委员会要会同农业部指导地方做好规划编制工作”等方面的具体要求。根据该文件精神，2009 年国家发展和改革委员会和农业部联合印发了《关于编制秸秆综合利用规划的指导意见》（发改环资〔2009〕378 号）。

按照“因地制宜，突出重点”的原则（表 6-1），发改环资〔2009〕378 号文对规划编制的秸秆综合利用“重点实施领域”提出如下三个方面的要求：一是各地区尤其是农业主产区，应因地制宜重点选择当地优势产业带，以小麦—水稻和小麦—玉米为主，在秸秆剩余量大、茬口紧、焚烧严重的地区开展秸秆综合利用；二是近期对于交通干道、机场、城市周边等重点地区，要重点规划，尽快解决秸秆的季节性和结构性过剩问题；三是在品种上，重点解决量大面广的玉米、小麦、水稻、棉花秸秆及各地农业优势产业的秸秆。

此三点要求，在国家发展和改革委员会、农业部、财政部联合印发的《“十二五”农作物秸秆综合利用实施方案》（发改环资〔2011〕2615 号）中得以较好的落实和进一步完善。

三、国家秸秆综合利用实施方案提出的重点领域和重点工程

2011 年和 2016 年，国家各部门先后发布了《“十二五”农作物秸秆综合利用实施方案》（发改环资〔2011〕2615 号）和《关于编制“十三五”秸秆综合利用实施方案的指导意见》（发改

办环资〔2016〕2504号），分别对“十二五”时期和“十三五”时期的秸秆综合利用做出了统筹安排，并分别按照“因地制宜，突出重点”“统筹规划，合理布局”的原则（表6-1），提出了秸秆综合利用的重点领域和重点工程。

（一）《“十二五”农作物秸秆综合利用实施方案》的重点领域和重点工程

2011年国家发展和改革委员会、农业部、财政部联合编制并印发的《“十二五”农作物秸秆综合利用实施方案》（发改环资〔2011〕2615号）明确提出“到2013年秸秆综合利用率达到75%，到2015年力争秸秆综合利用率超过80%；基本建立较完善的秸秆田间处理、收集、储运体系；形成布局合理、多元利用的综合利用产业化格局”的三大目标要求，并将秸秆“五料化”作为秸秆综合利用的重点领域，提出如下具体要求：

一是在秸秆肥料化利用方面，继续推广普及保护性耕作技术，通过鼓励农民使用秸秆机械粉碎还田等方式，有效提高秸秆肥料利用率。

二是在秸秆饲料化利用方面，在秸秆资源丰富的牛羊养殖优势区，鼓励养殖场（户）或秸秆饲料加工企业制作青贮、氨化、微贮或颗粒等秸秆饲料。

三是在秸秆基料化利用方面，继续重点推广“企业＋农户”的经营模式，建设一批秸秆栽培食用菌生产基地。

四是在秸秆原料化利用方面，不断提高秸秆工业化利用水平，科学利用秸秆制浆造纸，积极发展秸秆生产板材和制作工艺品，试点建设秸秆生产木糖醇、秸秆生产活性炭等工程。

五是在秸秆燃料化利用方面，大力发展秸秆沼气、秸秆固化成型燃料，提高可再生能源在能源结构中的比例。

《“十二五”农作物秸秆综合利用实施方案》还提出：“十二五”期间在13个粮食主产区，棉秆等单一品种秸秆集中度高的地区，交通干道、机场、高速公路沿线等重点地区，围绕秸秆肥料化、饲料化、基料化、原料化和燃料化等领域，实施秸秆综合利用试点示范，大力推广用量大、技术含量和附加值高的秸秆综合利用技术，重点实施六大工程，即“秸秆循环型农业示范工程”“秸秆原料化示范工程”“能源化利用示范工程”“棉秆综合利用专项工程”“秸秆收储运体系工程”和“产学研技术体系工程”。各工程具体内容如专栏6-1所示。

专栏6-1

“十二五”秸秆综合利用六大重点工程

（节选自《“十二五”农作物秸秆综合利用实施方案》）

1. 秸秆循环型农业示范工程

按照循环经济理念，开辟和建立秸秆多元化利用途径，重点推广秸秆—家畜养殖—沼气—农户生活用能、沼渣—高效肥料—种植等循环利用模式，鼓励粮食主产区建设秸秆生态循环农业工程，充分利用好秸秆资源。力争到2015年，秸秆生态循环农业工程秸秆综合利用量，占项目所在地区秸秆总量的10%以上。

2. 秸秆原料化示范工程

重点在粮棉主产区开展专项示范工程，从政策、资金和有效运营等方面对秸秆人造板、木塑产业、秸秆清洁造纸给予扶持。引进创新秸秆纤维原料加工技术，形成规范、专业、科学的秸秆纤维原料基地布局。鼓励秸秆制浆造纸清洁生产技术研发推广，支持成熟的秸秆制浆造纸清洁化新技术产业化发展，为循环利用积累经验。建立秸秆代木产业示范基地，选取部分秸秆人造板、木塑装备制造企业，一批秸秆人造板、木塑生产企业，给予重点支持，加快发展壮大，年消耗秸秆量1 500万～2 000万吨。

3. 能源化利用示范工程

结合新农村建设，以村为单元，启动实施以秸秆沼气集中供气、秸秆固化成型燃料及高效低排放生物质炉具等为主要建设内容的秸秆清洁能源入农户工程，探索有效的项目商业运行模式。在已开展纤维原料生产乙醇的基础上，推进秸秆纤维乙醇产业化，支持实力雄厚、具备研发生产基础的企业开展试点示范，重点解决预处理、转化酶等技术难题。力争到2015年，重点在粮棉主产区的示范村，秸秆清洁能源入农户项目村入户率达到80%以上，年秸秆能源化利用量约3 000万吨，占项目区年秸秆总量的30%以上。

4. 棉秆综合利用专项工程

在棉花主产区建立棉秆综合利用产业化示范工程，支持利用秆皮、秆芯生产高强低伸性纤维（造纸制浆原料）、人造板、纺织工业用纤维以及其他工业用增强纤维等。探索棉秆综合利用的最优模式。

5. 秸秆收储运体系工程

探索建立有效的秸秆田间处理、收集、储存及运输系统模式。加快建立以市场需求为引导，企业为龙头，专业合作经济组织为骨干，农户参与，政府推动，市场化运作，多种模式互为补充的秸秆收集储运管理体系。

6. 产学研技术体系工程

围绕秸秆综合利用中的关键技术瓶颈，遴选优势科研单位和龙头企业开展联合攻关，提升秸秆综合利用技术水平。组织力量开展技术研发、技术集成，加大机械设备开发力度，引进消化吸收适合中国国情的国外先进装备和技术。建立配套的技术标准体系，尽快形成与秸秆综合利用技术相衔接、与农业技术发展相适宜、与农业产业经营相结合、与农业装备相配套的技术体系。加快建立秸秆相关产品的行业标准、产品标准、质量检测标准体系，规范生产和应用。

(二)《关于编制“十三五”秸秆综合利用实施方案的指导意见》的重点领域和重点工程

2016年国家发展和改革委员会和农业部联合印发的《关于编制“十三五”秸秆综合利用实施方案的指导意见》(发改办环资〔2016〕2504号)提出的秸秆综合利用总体目标为：“秸秆基本实现资源化利用、解决秸秆废弃和焚烧带来的资源浪费和环境污染问题。力争到2020年在全国建立较完善的秸秆还田、收集、

储存、运输社会化服务体系，基本能形成布局合理、多元利用、可持续运行的综合利用格局，秸秆利用率达到85%以上。”

发改办环资〔2016〕2504号文规定，要以省级为单位编制秸秆综合利用实施方案，并要求各省（自治区、直辖市）在进一步摸清秸秆资源潜力和利用现状的基础上，根据资源产生种类和空间分布情况，合理确定适宜本地区的秸秆综合利用方式（肥料化、饲料化、燃料化、基料化和原料化等）、数量和产业布局，设定发展目标，鼓励以农用为主、多元化利用产业的共生组合，并编制秸秆综合利用重点项目。同时，方案中要提出相应的保障措施，在工作机制、支持政策、技术集成与研发、科技服务等方面体现具体的内容。

发改办环资〔2016〕2504号文亦将秸秆“五料化”作为秸秆综合利用的重点领域，并提出如下具体要求：

一是在秸秆肥料化利用方面，继续推广普及保护性耕作技术，以实施玉米、水稻、小麦等农作物秸秆直接还田为重点，制定秸秆机械化还田作业标准，科学合理地推行秸秆还田技术；结合秸秆腐熟还田、堆沤还田、生物反应堆以及秸秆有机肥生产等，提高秸秆肥料化利用率。

二是在秸秆饲料化利用方面，要把推进秸秆饲料化与调整畜禽养殖结构结合起来，在粮食主产区和农牧交错区积极培植秸秆养畜产业，鼓励秸秆青贮、氨化、微贮、颗粒饲料等的快速发展。

三是在秸秆能源化利用方面，立足于各地秸秆资源分布，结合乡村环境整治和节能减排措施，积极推广秸秆生物气化、热解气化、固化成型、炭化、直燃发电等技术，推进生物质能利用，改善农村能源结构。

四是在秸秆基料化利用方面，大力发展以秸秆为基料的食用菌生产，培育壮大秸秆生产食用菌基料龙头企业、专业合作组织、种植大户，加快建设现代高效生态农业；利用生化处理技术，生产育苗基质、栽培基质，满足集约化育苗、无土栽培和土壤改良的需要，促进农业生态平衡。

五是在秸秆原料化利用方面，围绕现有基础好、技术成熟度高、市场需求量大的重点行业，鼓励生产以秸秆为原料的非木浆纸、木糖醇、包装材料、降解膜、餐具、人造板材、复合材料等产品，大力发展以秸秆为原料的编织加工业，不断提高秸秆高值化、产业化利用水平。

发改办环资〔2016〕2504 号文在其附件 1《秸秆综合利用重点建设领域》中设定了秸秆综合利用两大重点建设领域、七项重点工程，即重点建设领域一（秸秆综合利用基本能力建设）的“秸秆科学还田工程”“秸秆收储运体系工程”“产学研技术体系工程”和重点建设领域二（秸秆产业化利用示范工程建设）的“秸秆土壤改良示范工程”“秸秆种养结合示范工程”“秸秆清洁能源示范乡镇（园区）建设工程”“秸秆工农复合型利用示范工程”。各项重点工程具体要求详见专栏 6－2。

专栏 6－2

“十三五”秸秆综合利用重点建设领域

“十三五”期间，围绕秸秆肥料化、饲料化、能源化、基料化、原料化和收储运体系建设等领域，大力推广秸秆用量

大、技术成熟和附加值高的综合利用技术，因地制宜地实施重点建设工程，推动秸秆综合利用试点示范。

1. 秸秆综合利用基本能力建设

（1）秸秆科学还田工程。以推进耕地地力保护、秸秆资源化利用和农业可持续发展为目标，科学制定区域秸秆还田能力，通过发展专业化农机合作社，配备秸秆粉碎机、大马力秸秆还田机、深松机等相关农机设备，大力推进秸秆机械化粉碎还田和快速腐熟还田，继续推广保护性耕作技术。鼓励有条件的地方加大秸秆还田财政补贴力度。

（2）秸秆收储运体系工程。根据秸秆离田利用产业化布局和农用地分布情况，建设秸秆收储场（站、中心），扶持秸秆经纪人专业队伍，配备地磅、粉碎机、打捆机、叉车、消防器材、运输车等设备设施，实现秸秆高效离田、收储、转运、利用。

（3）产学研技术体系工程。围绕秸秆综合利用中的关键技术瓶颈，遴选优势科研单位和龙头企业开展联合攻关，提升秸秆综合利用技术水平。引进消化吸收适合中国国情的国外先进装备和技术，提升秸秆产业化水平和升值空间。尽快形成与秸秆综合利用技术相衔接、与农业技术发展相适宜、与农业产业经营相结合、与农业装备相配套的技术体系，规范生产和应用。

2. 秸秆产业化利用示范工程建设

（1）秸秆土壤改良示范工程。以提升耕地质量为发展目标，推广秸秆炭化还田改土、秸秆商品有机肥实施，重点支持建设连续式热解炭化炉、翻抛机、堆腐车间等设备设施，加大秸秆炭基肥和商品有机肥施用力度，推动化肥使用减量化，提升耕地地力。

（2）秸秆种养结合示范工程。在秸秆资源丰富和牛羊养殖量较大的粮食主产区，扶持秸秆青（黄）贮、压块颗料、蒸汽喷爆等饲料专业化生产示范建设，重点支持建设秸秆青贮氨化池、购置秸秆处理机械和饲料加工设备，增强秸秆饲用处理能力，保障畜牧养殖的饲料供给。

（3）秸秆清洁能源示范乡镇（园区）建设工程。在秸秆资源丰富和农村生活生产能源消费量较大的区域，大力推广秸秆燃料代煤、炭气油多联产、集中供气工程，配套秸秆预处理设备、固化成型设备、生物质节能炉具等相关设备，推动城乡节能减排和环境改善。

（4）秸秆工农复合型利用示范工程。以秸秆高值化、产业化利用为发展目标，推广秸秆代木、清洁制浆、秸秆生物基产品、秸秆块墙体日光温室、秸秆食用菌种植、作物育苗基质、园艺栽培基质等，实现秸秆高值利用。

（资料来源：《关于编制“十三五”秸秆综合利用实施方案的指导意见》之附件1《秸秆综合利用重点建设领域》）

四、重点地区秸秆综合利用实施方案及其重点任务和重点工程

自1997年国家首次发布秸秆焚烧和综合利用行政规范性文

件以来，经过10多年的不懈努力，我国各主要农区（东北地区除外）秸秆露天焚烧初步得到有效控制（毕于运、王亚静，2017），秸秆综合利用取得可喜的成效，2015年全国秸秆综合利用率达到80.1%。

随着秸秆综合利用工作的深入推进，近年来，国家各部门对秸秆综合利用行政指导政策的制定开始聚焦于重点地区。2014年，国家发展和改革委员会和农业部联合印发的《关于深入推进大气污染防治重点地区及粮棉主产区秸秆综合利用的通知》（发改环资〔2014〕116号）明确提出，为贯彻落实国务院关于大气污染防治的部署，缓解秸秆废弃和焚烧带来的资源浪费及环境污染问题，要深入推进大气污染防治重点地区（京津冀及周边地区、长三角区域）及粮棉主产区秸秆综合利用。具体要求为：一是大气污染防治重点地区要在现有基础上大幅度提高秸秆综合利用率，从根本上解决秸秆废弃后的出路问题，有效缓解秸秆焚烧带来的资源环境压力；二是粮棉主产区要结合本地区秸秆综合利用规划和中期评估制定的目标任务，采取有效措施，确保按期完成“十二五”秸秆综合利用目标任务。同时指出：各地要在巩固现有秸秆综合利用成效的基础上，围绕秸秆肥料化、饲料化、原料化、基料化和燃料化等领域，推进秸秆综合利用重点工程实施，促进秸秆综合利用率提高。

按照国务院办公厅《关于加快推进农作物秸秆综合利用的意见》（国办发〔2008〕105号）和发改环资〔2014〕116号文的要求，2014年国家发展和改革委员会、农业部、环境保护部联合印发了《京津冀及周边地区秸秆综合利用和禁烧工作方案（2014—2015年）》（发改环资〔2014〕2231号）。

按照农业部关于实施农业绿色发展五大行动（畜禽粪污资源化利用行动、果菜茶有机肥替代化肥行动、东北地区秸秆处理行动、农膜回收行动、以长江为重点的水生生物保护行动）和国家发展和改革委员会、农业部《关于编制“十三五”秸秆综合利用实施方案的指导意见》（发改办环资〔2016〕2504号）的要求，2017年农业部编制并印发了《东北地区秸秆处理行动方案》（农科教发〔2017〕9号）。

上述两方案，不仅对各自地区的秸秆综合利用做出了统筹安排，而且提出了相应的秸秆综合利用重大工程（京津冀及周边地区）、重点任务和重点工作（东北地区）。

（一）京津冀及周边地区秸秆综合利用八大工程

京津冀及周边地区包括北京、天津、河北、山西、内蒙古和山东，2013年秸秆可收集利用量2亿吨，已利用量1.6亿吨，秸秆综合利用率81%。全区秸秆综合利用总体水平虽然高于全国平均水平，但部分地区秸秆焚烧现象仍屡禁不止。2013年夏秋两季，全区秸秆焚烧遥感火点数量高达1 944个。相关研究报告显示，该地区每年因秸秆焚烧向大气中排放的颗粒物有数十万吨，区域内PM2.5日均浓度平均增加60.6毫克/米^3，最多增加127毫克/米^3，秸秆焚烧对大气污染的影响非常大。

2014年国家发展和改革委员会、农业部、财政部联合制定并印发的《京津冀及周边地区秸秆综合利用和禁烧工作方案（2014—2015年）》（发改环资〔2014〕2231号）从加快推进京津冀及周边地区秸秆综合利用的要求出发，决定实施八大工程，即

“秸秆肥料化利用工程”“秸秆饲料化利用工程”“秸秆原料化利用工程”“秸秆能源化利用工程”“秸秆基料化利用工程”“秸秆收储运体系”“完善配套政策，实现区域整体推进”“秸秆综合利用科技支撑工程”。各工程具体内容详见专栏6-3。

专栏6-3

京津冀及周边地区秸秆综合利用八大重点工程

（节选自《京津冀及周边地区秸秆综合利用和禁烧工作方案（2014—2015年）》）

1. 秸秆肥料化利用工程

实施秸秆机械还田补贴项目，对实施秸秆机械粉碎、破茬、深耕和耙压等机械化还田作业的农机服务组织进行定额补贴。建设以秸秆为主要原料的有机肥工程，生产商品有机肥料。大力推广生物菌剂快速腐熟还田和秸秆堆沤还田技术，推进秸秆就地就近还田利用。2014—2015年，新增秸秆肥料化利用能力240万吨。

2. 秸秆饲料化利用工程

种植或订单采购青贮玉米，有偿收集秸秆，大规模制作全株青贮饲料、氨化秸秆饲料、微贮秸秆饲料，形成商品化秸秆饲料储备和供应能力，为周边大牲畜养殖户（场）提供长期稳定的粗饲料供给。青黄贮饲料生产项目以“二池三机”为基本建设单元，“二池”为青黄贮窖池和氨化池，“三机”指秸秆收获粉碎机、运输压实机、打捆包膜机。2014—2015

年，新增秸秆饲料化利用能力 270 万吨。

3. 秸秆原料化利用工程

推进秸秆清洁制浆、人造板、墙体材料、纺织工业用纤维、包装材料、降解膜、餐具、帘栅等原料化利用。培育龙头企业，示范带动秸秆原料利用专业化、规模化、产业化发展。2014—2015 年，新增秸秆原料化利用能力 300 万吨。

4. 秸秆能源化利用工程

建设秸秆致密成型燃料生产厂，配套高效低排放生物质炉具，实现秸秆清洁能源入户。建设投料棚、致密成型车间、成品库等土建工程，以及秸秆粉碎机、成型机组及配套设备、生物质炉具等设备工程。以自然村或农村社区为建设单元，建设秸秆沼气工程，配套建设输气管网等设施，实现秸秆沼气直供农户，提供生活用能。建设秸秆裂解气化集中供气工程，为农户提供生活用能。建设秸秆炭化工程，生物炭用作优质燃料、土壤改良剂、重金属钝化剂、生物有机肥料及工业原料。加快生物质发电/供热示范建设，完成现有生物质电厂供热改造。2014—2015 年，新增秸秆能源化利用能力 1 000 万吨。

5. 秸秆基料化利用工程

建设秸秆食用菌生产基地，利用秸秆培育食用菌，食用菌产后菌糠作为优质有机肥或牛羊养殖饲料。2014—2015 年，新增秸秆基料化利用能力 90 万吨。

6. 秸秆收储运体系

秸秆收集储运站原则上与秸秆生物气化、秸秆热解气化、秸秆固化成型、秸秆炭化等实用技术示范配套，根据当地种

植制度、秸秆利用现状和收集运输半径，支持农业合作社、农业企业和经纪人等，因地制宜建设秸秆收集储运站。2014—2015年，新增收集储运能力1 800万吨。

7. 完善配套政策，实现区域整体推进

按照循环经济理念，因地制宜发展秸秆多途径利用技术和模式，研究出台配套政策：一是落实秸秆收储点和堆场用地，解决制约秸秆综合利用收储运瓶颈问题。二是将秸秆捡拾、切割、粉碎、打捆、压块等初加工用电列入农业生产用电价格类别，降低秸秆初加工成本。三是粮棉主产区在农忙季节，应采取方便秸秆运输的有效措施，提高秸秆运输效率。四是落实国家关于支持小微企业发展的指导意见，给予符合政策的秸秆加工企业信贷优惠等。

在目前种植制度多样化、秸秆种类复杂、秸秆利用途径多元化的地区，因地制宜采取整县推进，实现县域秸秆高效综合利用，杜绝秸秆露天焚烧现象。2014—2015年，启动10个秸秆综合利用示范县建设，每个示范县秸秆新增利用能力10万吨以上，新增年利用能力100万吨。

8. 秸秆综合利用科技支撑工程

依托骨干企业、研究院所和大学等，开展创新平台建设，开展应用研究和系统集成，促进科技成果的产业化；引进消化吸收适合中国国情的国外先进装备和技术，推进先进生物质能综合利用产业化示范。加快建立秸秆综合利用相关产品的行业标准、产品标准、质量检测标准体系，规范生产和应用。举办秸秆综合利用技术培训班，分层次对基层农技人员、村镇干部进行技术培训。

《京津冀及周边地区秸秆综合利用和禁烧工作方案（2014—2015年）》虽然没有给出秸秆综合利用的指导原则，但文中提出了如下几个方面的“因地制宜”：一是因地制宜、科学合理地推进秸秆综合利用和禁烧。在目前种植制度多样化、秸秆种类复杂、秸秆利用途径多元化的地区，因地制宜采取整县推进，实现县域秸秆高效综合利用，杜绝秸秆露天焚烧现象。二是因地制宜建设秸秆收集储运站。三是按照循环经济理念，因地制宜发展秸秆多途径利用技术和模式。

（二）《东北地区秸秆处理行动方案》的重点任务和重点工作

2017年农业部编制印发的《东北地区秸秆处理行动方案》（农科教发〔2017〕9号），其所述东北地区包括辽、吉、黑三省和内蒙古自治区。该地区秸秆总量大、密度高、利用难度大，是我国秸秆禁烧和综合利用的重点和难点地区。2016年，东北地区秸秆焚烧遥感火点数量高达5 595个，占全国的近3/4。2017年，东北地区秸秆综合利用率为72%，比全国平均水平低了将近12个百分点。具体如表6-2所示。

《东北地区秸秆处理行动方案》直接沿用了《关于编制“十三五”秸秆综合利用实施方案的指导意见》给出的“统筹规划，合理布局”原则，并做出与之完全相同的内容表述（见表6-1）。

《东北地区秸秆处理行动方案》提出：“到2020年，力争东北地区秸秆综合利用率达到80%以上，比2015年提高13.4个百分点。”同时，明确了秸秆综合利用的四项重点任务：

表6－2　东北地区秸秆焚烧遥感火点数量和秸秆综合利用率

项　目		全国	东北地区				
			小计或平均	辽宁	吉林	黑龙江	内蒙古
2016年秸秆焚烧遥感火点	数量（个）*	7 624	5 595	461	494	3 848	792
	占全国（%）	100	73.39	6.05	6.48	50.47	10.39
2017年秸秆综合利用	利用率（%）**	83.68	72.00	84.73	75.74	64.10	82.50
	比全国平均高（+）低（－）（个百分点）	0	－11.68	1.05	－7.94	－19.58	－1.18

资料来源：*环境保护部卫星环境应用中心网站秸秆焚烧火点遥感监测月报。**农业农村部张桃林副部长《在东北地区秸秆处理行动现场交流会上的讲话》（2018年10月18日）。

一是以粮食生产功能区为重点，提高秸秆农用水平。针对东北地区农业产业结构和自然气候条件特点，加大秸秆还田工作力度，大力推广玉米秸秆深翻还田技术、秸秆覆盖还田保护性耕作技术，提高还田质量；大力推广秸—饲—肥、秸—能—肥、秸—菌—肥等循环利用技术，推动以秸秆为纽带的循环农业发展，夯实粮食生产功能区发展基础。

二是以新型农业经营主体为依托，提高秸秆收储运专业化水平。针对东北地区秸秆收储运主体少、装备水平低等问题，加快培育秸秆收储运专业化人才和社会化服务组织，建设秸秆储存规范化场所，配备秸秆收储运专业化装备，建立玉米主产县（农场）全覆盖的服务网络，逐步形成商品化秸秆收储和供应能力，实现秸秆收储运的专业化和市场化，促进秸秆后续利用。

三是以科技创新为支撑，提高秸秆综合利用标准化水平。针对东北地区玉米秸秆还田、收储和利用方式的特点和瓶颈，发挥东北区域玉米秸秆综合利用协同创新联盟和现代农业产业技术体系的科技引领作用，围绕秸秆肥料、饲料、燃料、基料、原料等利用领域，熟化一批新技术、新工艺和新装备，形成从农作物品种、种植、收获、秸秆还田、收储到“五料化”利用等全过程完整的技术规范和装备标准，提高秸秆综合利用的标准化水平。

四是以产业提档升级为目标，提高秸秆市场化利用水平。针对东北地区秸秆产业化利用主体不多、竞争力不强、效益不高等问题，出台并落实用地、用电、信贷、税收等优惠政策，建立政府引导、市场主体、多方参与的产业化发展培育机制，发展一批生物质供热供气、燃料乙醇、颗粒燃料、板材、造纸、食用菌等领域可市场化运行的经营主体，推动秸秆综合利用产业结构优化和提质增效。

为使秸秆综合利用重点任务落到实处，《东北地区秸秆处理行动方案》又对地方各级行政部门和产学研事业单位提出了当下必须做好的五项重点工作：

一是编制省级方案，强化统筹推动。加强东北地区秸秆综合利用规划研究，统筹不同区域、不同作物秸秆综合利用的目标和重点，编制三省一区“十三五”秸秆综合利用省级实施方案，合理布局秸秆产业化利用途径、收储运基地，建立健全政府推动、市场化运作、多方参与的秸秆综合利用体系。

二是实施一批试点，强化示范带动。依托中央财政秸秆综合利用试点补助资金，支持东北地区秸秆综合利用的重点领域和关键环节，鼓励以县（农场）为单元统筹相关资金，加大秸秆综合利用支持力度，2017 年试点规模达到 60 个县，力争到 2020 年实

现147个玉米主产县（农场）全覆盖。重点遴选20个秸秆综合利用试点县，加大支持力度，总结推广适合东北不同区域、不同作物的利用模式10套以上，打造具有区域代表性的秸秆综合利用示范样板，构建政策、工作、技术三大措施互相配套的长效机制。

三是搭建创新平台，强化科技支撑。首先要开展协同技术创新。依托东北区域玉米秸秆综合利用协同创新联盟，东北三省一区农科院及农垦科学院要搭建区域农业科技创新与交流平台；现代农业产业技术体系内增设的秸秆综合利用岗位科学家，要围绕秸秆肥料化、饲料化、燃料化、基料化等利用方式的技术瓶颈，积极争取国家重点研发项目，开展协同技术创新，加大科技攻关力度。其次要研发关键技术装备。在肥料化方面，重点攻克与玉米—大豆轮作、玉米连作种植制度相配套的秸秆覆盖还田和深翻还田技术，研发低温快速腐解微生物菌剂，研发200马力以上的深翻还田机械；在饲料化方面，筛选优良的秸秆降解与生物转化微生物菌株，研发秸秆饲料无害防腐剂调节剂；在燃料化方面，研发低排放、抗结渣的秸秆生物质燃烧设备，攻克秸秆热解气化焦油去除难题。

四是推介典型模式，强化培训推广。首先是推介秸秆农用十大模式。按照工作措施、技术措施、政策措施“三位一体”的要求，深入总结东北高寒区玉米秸秆深翻养地、秸—饲—肥种养结合、秸—沼—肥能源生态、秸—菌—肥基质利用等循环利用模式，向社会发布推介。其次是召开系列现场交流会。在东北三省一区按“五料化”利用途径，召开秸秆机械化还田、离田系列现场交流会，广泛宣传推广秸秆综合利用的好做法、好经验和好典型。最后是举办系列技术培训。结合新型职业农民培训工程、现代青年农场主培养计划、新型农业经营主体带头人培训计划等，部、省、县（市）分层次、分环节、分对象举办秸秆综合利用技术培训班，加强东北地区各级技术推广人员、新型农业经营主体的培训力度，培训规模达到10 000人次，不断提高专业化水平。

五是推出一批政策，强化发展动能。首先是推动政策落实。贯彻落实好国家发展和改革委员会、财政部、农业部、环境保护部《关于进一步加快推进农作物秸秆综合利用和禁烧工作的通知》（发改环资〔2015〕2651号）要求，推动地方落实财政投入、税收优惠、金融信贷、用地、用电等政策。其次是完善配套政策。各地结合实际情况，研究出台秸秆运输绿色通道、秸秆深加工享受农业用电价格、还田离田补贴等政策措施。最后是培育新型主体。鼓励引导龙头企业、专业合作社、家庭农场、种养大户等新型经营主体，发展以秸秆为原料的生物有机肥、食用菌、成型燃料、生物炭、清洁制浆等新型产业，提高产业化水平，到2020年新增年秸秆利用量10万吨以上的龙头企业50个以上。

五、新时期国家秸秆产业化发展要求

（一）2008年国务院办公厅《关于加快推进农作物秸秆综合利用的意见》对秸秆产业化发展要求

在我国秸秆焚烧现象比较普遍、污染环境且严重威胁交通运输安全的形势下，为加快推进秸秆综合利用，实现秸秆的资源化、商品化，促进资源节约、环境保护和农民增收，2008年国务院办公厅发布了《关于加快推进农作物秸秆综合利用的意见》（国办发〔2008〕105号）。

国办发〔2008〕105号文全文十七条，共分五个方面：一是指导思想、基本原则和主要目标；二是大力推进产业化；三是加强技术研发和推广应用；四是加大政策扶持力度；五是加强组织领导。

在“大力推进产业化”的要求中，首先提出要“加强规划指导”，进而提出秸秆产业化的四项发展要求，即加快建设秸秆收集体系、大力推进种植（养殖）业综合利用秸秆、有序发展以秸秆为原料的生物质能、积极发展以秸秆为原料的加工业。各项要求具体如表6-3所示。

表6-3　国办发〔2008〕105号文和发改环资〔2015〕2651号文对秸秆产业化发展的要求

类别	国办发〔2008〕105号文		发改环资〔2015〕2651号文	
秸秆收储运	加快建设秸秆收集体系	建立以企业为龙头，农户参与，县、乡（镇）人民政府监管，市场化推进的秸秆收集和物流体系。鼓励有条件的地方和企业建设必要的秸秆储存基地。鼓励发展农作物联合收获、粉碎还田、捡拾打捆、储存运输全程机械化，建立和完善秸秆田间处理体系	完善高效收集体系	各地要根据当地农用地分布情况、种植制度、秸秆产生和利用现状，鼓励农户、新型农业经营主体在购买农作物收获机械时，配备秸秆粉碎还田或捡拾打捆设备，完善激励措施，健全服务网络，开展秸秆还田、收储服务。要加强收获作业技术指导，推行秸秆机械化还田作业和留茬高度等标准，促进秸秆就地还田或应收尽收
			建立专业化储运网络	各地要积极扶持秸秆收储运服务组织发展，建立规范的秸秆储存场所，促进秸秆后续利用。各地应出台方便秸秆运输的政策措施，提高秸秆运输效率。鼓励有条件的企业和社会组织组建专业化秸秆收储运机构，鼓励社会资本参与秸秆收集和利用，逐步形成商品化秸秆收储和供应能力，实现秸秆收储运的专业化和市场化

（续）

类别	国办发〔2008〕105号文		发改环资〔2015〕2651号文	
秸秆农用	大力推进种植（养殖）业综合利用秸秆	大力推广秸秆快速腐熟还田、过腹还田和机械化直接还田。鼓励养殖场（户）和饲料企业利用秸秆生产优质饲料。积极发展以秸秆为基料的食用菌生产	提高秸秆农用水平	各地要按照种养结合、农业优先的原则，进一步加大秸秆还田力度，大力推广秸秆生物炭还田改土技术，积极开展秸秆-牲畜养殖-能源化利用-沼肥还田、秸秆-沼气-沼肥还田等循环利用，加大秸秆机械化粉碎还田、快速腐熟还田力度，鼓励畜禽养殖场（户）和小区、饲料企业利用秸秆生产优质饲料，引导秸秆基料食用菌规模化生产。开展农业循环经济试点示范，探索秸秆综合利用方式的合理搭配和有机耦合模式，推动区域秸秆全量利用
秸秆多元化利用	有序发展以秸秆为原料的生物质能	结合乡村环境整治，积极利用秸秆生物气化（沼气）、热解气化、固化成型及炭化等发展生物质能，逐步改善农村能源结构。推进利用秸秆生产燃料乙醇，逐步实现产业化。合理安排利用秸秆发电项目	拓宽综合利用渠道	各地要做好统筹规划，坚持市场化的发展方向，在政策、资金和技术上给予支持，通过建立利益导向机制，支持秸秆代木、纤维原料、清洁制浆、生物质能、商品有机肥等新技术的产业化发展，完善配套产业及下游产品开发，延伸秸秆综合利用产业链。在秸秆产生量大且难以利用的地区，应根据秸秆资源量和分布特点，科学规划秸秆热电联产以及循环流化床、水冷振动炉排等直燃发电厂，秸秆发电优先上网且不限发
	积极发展以秸秆为原料的加工业	鼓励采用清洁生产工艺，生产以秸秆为原料的非木纸浆。引导发展以秸秆为原料的人造板材、包装材料、餐具等产品生产，减少木材使用。积极发展秸秆饲料加工业和秸秆编织业		

国办发〔2008〕105号文的发布，为其后我国各级政府制定秸秆综合利用政策、全面推进秸秆综合利用工作，发挥了重大的作用。直至目前，该文仍然是全国范围内指导秸秆综合利用的纲领性文件。

（二）2015年国家发展和改革委员会等四部门《关于进一步加快推进农作物秸秆综合利用和禁烧工作的通知》对秸秆产业化发展要求

经过7年不懈的努力，顺利完成了国办发〔2008〕105号文制定的秸秆综合利用目标，全国秸秆综合利用率由2008年的68.7%提升到2015年的80.1%，新增11.4个百分点，年均提升1.63个百分点。

我国秸秆禁烧和综合利用工作虽然取得了积极进展，但要实现秸秆全面禁烧和全量化利用，仍任重而道远。针对我国部分地区秸秆焚烧问题仍较为严重、秸秆收储运体系仍较为薄弱、“布局合理、多元利用的秸秆综合利用产业化格局”有待持续提升等现实局面，2015年国家发展和改革委员会、财政部、农业部、环境保护部联合发布了《关于进一步加快推进农作物秸秆综合利用和禁烧工作的通知》（发改环资〔2015〕2651号），明确提出“力争到2020年，全国秸秆综合利用率达到85%以上”的目标要求。

发改环资〔2015〕2651号文全文十六条，共分七个方面：一是总体要求和目标任务；二是推动产业化发展，拓宽秸秆利用渠道；三是健全工作机制，强化秸秆禁烧监管；四是推动技术进步，提高收集和利用水平；五是完善扶持政策，构建有效激励机制；六是加强宣传培训，提高资源环境保护意识；七是加强组织领导，落实任务责任。

在秸秆综合利用方面，发改环资〔2015〕2651号文基本承袭了国办发〔2008〕105号文的主要章目，只是对国办发〔2008〕105号文原来包含在“加强技术研发和推广应用”中的“加强宣传培训”进行了单列。同时，对各章目的条文有所增删，但主要是对各条文的具体内容进行了完善。由此可以说，发改环资〔2015〕2651号文是对国办发〔2008〕105号文的发扬和光大。

由表6-3可见，发改环资〔2015〕2651号文确定的秸秆产业化发展重点亦为四条，即“完善高效收集体系”“建立专业化储运网络”“提高秸秆农用水平”“拓宽综合利用渠道”，并在承袭国办发〔2008〕105号文秸秆产业化发展重点和具体要求的基础上，对新时期秸秆产业化发展要求进行了系统的完善和提升。

在秸秆收储运方面，国办发〔2008〕105号文和发改环资〔2015〕2651号文都强调了秸秆收储的市场化运作和基地建设，尤其是秸秆还田和收储服务的一体化运作。但发改环资〔2015〕2651号文不仅对“完善高效收集体系”“建立专业化储运网络”进行了分别表述，而且从秸秆粉碎还田和捡拾打捆设备配置、秸秆还田和打包收集作业技术指导、秸秆收储运服务组织扶持和专业化秸秆收储运机构建设、方便秸秆运输政策措施制定、鼓励社会资本参与秸秆收集和利用等方面，对秸秆收储运体系建设提出了更为全面的要求。

在秸秆农用方面，国办发〔2008〕105号文和发改环资〔2015〕2651号文都提出了如下三项基本要求：一是大力推广秸秆还田；二是鼓励秸秆优质饲料生产；三是积极（引导）发展秸秆食用菌。但发改环资〔2015〕2651号文同时新增了如下四个方面的发展要求：一是明确了“种养结合，农业优先”的秸秆农

用原则；二是大力推广秸秆生物炭还田改土技术；三是积极开展以“秸-畜-能-肥”“秸-沼-肥”为主的秸秆循环利用；四是开展试点示范，进行多种利用方式耦合，推动区域秸秆全量利用。

在秸秆多元化利用方面，国办发〔2008〕105 号文和发改环资〔2015〕2651 号文都将秸秆生物质能和秸秆原料加工业作为发展重点，但两者的具体要求有如下异同：

第一，发改环资〔2015〕2651 号文明确了“各地要做好统筹规划，坚持市场化的发展方向，在政策、资金和技术上给予支持，通过建立利益导向机制”的秸秆多元化利用总体要求，而国办发〔2008〕105 号文没有就此做出明确规定。

第二，国办发〔2008〕105 号文从乡村环境整治、改善农村能源结构的角度，对生物质能发展提出了较为具体的要求，而发改环资〔2015〕2651 号文仅提出了发展“生物质能”的笼统要求。

第三，就秸秆发电，国办发〔2008〕105 号文仅提出了“合理安排利用秸秆发电项目”的原则性要求，而发改环资〔2015〕2651 号文，从依据秸秆资源条件科学规划秸秆热电联产、秸秆发电主推技术、秸秆发电“优先上网且不限发”等方面提出较为具体的要求。

第四，国办发〔2008〕105 号文提出了推进秸秆燃料乙醇产业化的要求，而发改环资〔2015〕2651 号文没有明确秸秆燃料乙醇的发展要求。

第五，就秸秆原料化利用，国办发〔2008〕105 号文和发改环资〔2015〕2651 号文都提出了秸秆制浆即“非木纸浆”和“清洁制浆”。但在秸秆原料化利用的其他方面，国办发〔2008〕

105 号文强调的是人造板材、包装材料、餐具、秸秆饲料加工业（再次强调）和秸秆编织业，而发改环资〔2015〕2651 号文将其笼统地归纳为“秸秆代木”和“纤维原料”，同时提出了商品有机肥的产业化发展要求。

六、结语

在国家系列行政规范性文件中，“因地制宜，突出重点”“因地制宜，分类指导”“统筹规划，合理布局”“统筹规划，突出重点”都曾经作为秸秆综合利用的行政指导原则。“因地制宜，突出重点”是我国秸秆综合利用的综合性指导原则。“因地制宜，分类指导”“统筹规划，合理布局”“统筹规划，突出重点”都是对“因地制宜，突出重点”原则某一侧面的、具象化的、有重点的表达。

国家各部门系列行政规范性文件曾经述及的秸秆综合利用重点区域包括：“重点城市和重点部位”（农业部、财政部、交通部、国家环境保护总局和中国民航总局 1998 年）；北京、天津、石家庄、济南、西安、郑州、沈阳、成都、上海、南京和重庆等大城市郊区，京津塘、京珠（北京—郑州段）、沪宁、济青、西宝、成渝等高速公路沿线地区，首都机场、天津机场、西安咸阳机场、成都双流机场和南京禄口机场等机场周边地区，黄淮海平原小麦玉米区、长江流域双低油菜和稻麦区（农业部 2003 年）；大中城市郊区，高速公路、铁路沿线和机场周边地区（国家环境保护总局 2003 年）；北京、天津、河北、河南、陕西、山东、安徽、江苏、四川等省份（农业部 2007 年）；各农业主产区以及交通干道、机场、城市周边等重点地区（国家发展和改革委员会和农业部 2009 年）；13 个粮食主产区、棉秆等单一品种秸秆集中度高的地区、交通干道、机场、高速公路沿线等重点地区（国家发展和改革委员会、农业部和财政部 2011 年）；大气污染防治重点地区（京津冀及周边地区、长三角区域）及粮棉主产区（国家发展和改革委员会和农业部 2014 年）；等等。

近年来，国家各部门制定的秸秆综合利用行政指导政策主要聚焦于京津冀及周边地区和东北地区，先后制定并发布了《京津冀及周边地区秸秆综合利用和禁烧工作方案（2014—2015 年）》（发改环资〔2014〕2231 号）和《东北地区秸秆处理行动方案》（农科教发〔2017〕9 号）。

2016 年，农业部和财政部选择了河北、山西、内蒙古、辽宁、吉林、黑龙江、江苏、安徽、山东、河南 10 个省份开展秸秆综合利用试点；2017 年增补了四川、陕西两省。

归纳而言，国家各部门系列行政规范性文件明示的秸秆综合利用重点地区主要为北方省份，南方省份偏少。可大致将其归纳为如下四类：一是大中城市郊区、交通干道沿线和机场周边地区。二是京津冀及周边地区（北京、天津、河北、山西、内蒙古和山东）。三是东北地区（辽宁、吉林、黑龙江、内蒙古）。四是除京津冀周边和东北地区以外的其他粮食主产区，包括河南、安徽、江苏、四川、陕西等省份。

2019 年农业农村部“决定开始全面推进秸秆综合利用工作”，并计划在全国 31 个省（自治区、直辖市）遴选 193 个秸秆资源量大、综合利用潜力大的县（区、市），整县推进秸秆综合利用。

《“十二五”农作物秸秆综合利用实施方案》《关于编制“十三五”秸秆综合利用实施方案的指导意见》，分别对“十二五”时期和“十三五”时期的秸秆综合利用做出了统筹安排，并分别按照“因地制宜，突出重点”“统筹规划，合理布局”的原则（表6－1），明确了全国秸秆综合利用的重点领域和重点工程。

2015年国家发展和改革委员会等四部门联合发布的《关于进一步加快推进农作物秸秆综合利用和禁烧工作的通知》，是对2008年国务院办公厅《关于加快推进农作物秸秆综合利用的意见》的发扬和光大，进一步明确了新时期我国秸秆综合利用的总体要求、目标任务、产业化发展重点以及扶持政策和激励机制等。

第七章　离田利用与产业化发展

在我国秸秆直接还田水平稳步提升的同时，如何有效地提高秸秆离田多元化、产业化、高值化利用水平，推动形成“布局合理、多元利用的产业化发展格局”，促进秸秆综合利用水平的全面提升，减少秸秆废弃和露天焚烧，同时缓解局部地区连续多年秸秆全量还田所带来的压力，已经成为我国秸秆综合利用的现实需求和重点任务。本章主要从秸秆离田多元化利用现状和构成分析入手，首先对我国秸秆离田多元化利用现实和不足有一个清醒的认识，进而结合问题和需求分析，提出进一步提升我国秸秆离田多元化利用水平的策略，以期为国家秸秆综合利用提供决策支持。

一、在我国已利用秸秆总量中，基本上是半量还田和半量离田利用

秸秆综合利用的途径有五种，即肥料化利用、饲料化利用、燃料化利用、基料化利用、原料化利用，简称“五料化”利用。

2016 年，国家发展和改革委员会、农业部共同组织各省有关部门和专家，对全国“十二五”秸秆综合利用情况进行了终期

评估（农业部新闻办公室，2016），结果显示：2015年，全国主要农作物秸秆理论资源量为10.4亿吨，可收集资源量为9.0亿吨，利用量为7.21亿吨，秸秆综合利用率为80.1%。

从“五料化”利用途径看，秸秆肥料化利用量3.89亿吨，占可收集资源量的43.2%；秸秆饲料化利用量1.69亿吨，占可收集资源量的18.8%；秸秆基料化利用量0.36亿吨，占可收集资源量的4.0%；秸秆燃料化利用量1.03亿吨，占可收集资源量的11.4%；秸秆原料化利用量0.24亿吨，占可收集资源量的2.7%。

（一）秸秆离田“四料化”利用量占已利用秸秆总量的46%

秸秆离田利用的途径多样。在秸秆“五料化”利用中，秸秆饲料化、燃料化、基料化、原料化利用都属于秸秆离田利用，可简称秸秆离田“四料化”利用。依据国家发展和改革委员会、农业部“十二五”秸秆综合利用规划情况终期评估结果，2015年全国秸秆离田“四料化”利用之和为3.32亿吨，分别占全国秸秆可收集资源量的36.89%和已利用总量的46.05%。

（二）全国秸秆堆肥利用量约为1 400万吨

秸秆肥料化利用分为秸秆直接还田和秸秆堆肥还田。秸秆堆肥还田属于秸秆离田利用的范畴。

按照国家发展和改革委员会办公厅、农业部办公厅《关于开

展农作物秸秆综合利用规划终期评估的通知》（发改办环资〔2015〕3264号）的要求，全国各省（自治区、直辖市）对秸秆综合利用“十二五”规划实施情况进行了终期评估。由分省报告看，明确给出秸秆堆肥利用状况的省份有5个，分别是北京、上海、安徽、四川和贵州，其秸秆堆肥利用量占可收集利用量的比重分别为1.14%、1.40%、1.68%、1.60%和1.50%，5省份平均为1.61%。

另外，通过对江苏、山东两省秸秆综合利用主管部门的咨询了解，将工厂化堆肥、农业生态园区堆肥、农户堆肥（主要是设施蔬菜水果种植户就地堆肥）包括在内，江苏省年秸秆堆肥利用量约为70万吨，占可收集利用量的1.85%；山东省年秸秆堆肥利用量约为125万吨，占秸秆可收集利用量的1.58%。

相比较而言，我国经济欠发达的中西部地区，虽然有机肥工厂化生产发展相对滞后，但考虑到这些地区部分农户仍保留着堆肥还田尤其是秸秆垫圈堆肥还田的习惯，区域化的秸秆堆肥利用率应不低于上述7个省份。由此可见，将我国的秸秆堆肥利用率估测为1%～2%，应当比较接近实际。

2015年，全国秸秆可收集资源量为9.0亿吨，按1.5%的秸秆堆肥利用率测算，全国秸秆堆肥利用量大致为1 400万吨。

（三）全国秸秆离田利用总量约为3.46亿吨

依据国家发展和改革委员会、农业部“十二五”秸秆综合利用规划情况终期评估结果，2015年全国秸秆离田“四料化”利用量为3.32亿吨。加上秸秆堆肥利用估算量，2015年全国秸秆离田利用总量约为 3.46 亿吨，占全国秸秆可收集利用量的 38.44%。

（四）全国秸秆离田利用量与秸秆直接还田量之比约为 48∶52

依据国家发展和改革委员会、农业部“十二五”秸秆综合利用规划情况终期评估结果，2015 年全国秸秆已利用总量为 7.21 亿吨。其中，秸秆离田利用量为 3.46 亿吨，秸秆直接还田量（=秸秆已利用总量—秸秆离田利用量）为 3.75 亿吨，分别占已利用总量的 47.99%和 52.01%，即两者之比约为 48∶52。也就是说，在我国已利用秸秆总量中，基本上是半量还田和半量离田利用。

二、秸秆饲料化利用在秸秆离田利用中占主导地位

依据国家发展和改革委员会、农业部“十二五”秸秆综合利用规划情况终期评估结果，2015 年全国秸秆饲用量为 1.69 亿吨。由此可见，2015 年全国秸秆饲用量占秸秆离田利用总量的比重已达到 48.84%。

2015 年全国草食牲畜存栏量为 9.36 个羊单位。按照每个羊单位年消耗 460 千克粗饲料（饲草）的定额估算，该年度全国草食畜饲草消耗量约为 4.31 亿吨。由此可见，2015 年全国秸秆饲用量已占到饲草消耗总量的 39.21%。而且，这部分秸秆还不包

括全国约1亿吨（鲜重。折风干重约为3 500万吨）的青饲玉米等青饲秸秆。

三、秸秆新型产业化利用量仅占可收集利用量的5%～6%

秸秆离田利用可分为传统的秸秆离田利用和秸秆新型产业化利用。

秸秆新型产业化利用包括秸秆新型能源化利用、秸秆商品有机肥工厂化生产和秸秆原料化利用（秸秆编织除外）。

传统的秸秆离田利用方式包括秸秆饲料化利用、秸秆基料化利用、农户直接燃用、农户庭院或田间就地堆肥利用以及秸秆编织。当然，我国现实的秸秆传统利用方式，其利用技术已经全面改进。同时，涌现出大量现代型的秸秆饲料企业、秸秆处理饲喂养殖场和秸秆食用菌企业。草毯、草帘等秸秆编织也基本实现了机械化。

（一）全国秸秆新型能源化利用量约为2 000万～2 400万吨

秸秆新型能源化利用包括秸秆固化、秸秆气化、秸秆炭化、秸秆液化和秸秆发电，简称“四化一电”。秸秆气化又可分为秸秆沼气（秸秆厌氧消化）和秸秆热解气化，秸秆液化亦可分为秸秆水解液化（生产纤维素乙醇）和秸秆热解液化（生产生物质油），故而又可简称为“六化一电”（毕于运，2010）。

1. 秸秆“四化”利用秸秆量约为740万～800万吨

（1）秸秆热解气化利用秸秆量约为7万吨。据《中国农业统计资料.2015》统计，2015年全国秸秆热解气化集中供气工程314处，供气户数12.34万户。按照1千克秸秆气化产生燃气2米^3、平均每户每天用气3米^{3}的标准计算，全年共计消耗秸秆6.76万吨。

（2）秸秆沼气利用秸秆量约为140万～200万吨。据《中国农业统计资料.2015》统计，2015年全国秸秆沼气集中供气工程387处，供气户数8.14万户。按照秸秆原料产沼气率35%、沼气比重0.97千克/米^3、平均每户每天用气1米^{3}的标准计算，全年共计消耗秸秆8.23万吨。

除秸秆沼气工程外，我国尚有其他各类沼气工程11万处，年处理各类农业废弃物630万吨。在《全国农村沼气发展“十三五”规划》编制准备阶段，国家有关部门委托专家对沼气原料多元化等系列问题进行专门调研，结果表明，秸秆物料约占混合原料物料总量的20%～30%。据此推算，2015年全国混合原料沼气工程利用秸秆量约为130万～190万吨。

综上分析，2015年全国秸秆沼气利用秸秆量约为140万～200万吨。

（3）秸秆固化成型燃料利用秸秆量约为543万吨。据《中国农业统计资料.2015》统计，2015年全国秸秆固化成型燃料厂1 190处，成型燃料产量493.49万吨。按照每1.1吨秸秆可生产1吨成型燃料计算，全年共计消耗秸秆542.84万吨。

（4）秸秆炭化利用秸秆量约为54万吨。据《中国农业统计资料.2015》统计，2015年全国秸秆炭化工程106处，秸秆生物质炭产量 16.28 万吨。按照每 1 吨秸秆可生产生物质炭 0.3 吨计算，全年共计消耗秸秆 54.27 万吨。

（5）秸秆“四化”利用秸秆量合计。目前，我国秸秆热解生物质油尚处于试验研究阶段，秸秆水解纤维素乙醇处于试生产阶段，尚未实现规模化、商品化生产。因此，秸秆液化利用秸秆量可以忽略不计。

综上分析，2015 年全国秸秆“四化”利用秸秆量约为 740 万～800 万吨。

2. 农林生物质发电利用秸秆量约为 1 200 万～1 600 万吨

按照燃料类别，生物质发电主要有三大类，即农林生物质发电、垃圾焚烧发电和沼气发电。农林生物质发电燃料亦主要有三类：一是农作物秸秆；二是农产品初加工副产物，包括蔗渣、稻壳、玉米芯、花生壳等；三是林木剩余物。

（1）全国农林生物质并网发电处理农林生物质量估算。据国家能源局《2017 年度全国可再生能源电力发展监测评价报告》（国能发新能〔2018〕43 号），2017 年全国共投产农林生物质并网发电量项目 272 个，装机容量 700.90 万千瓦，年发电量为 397.30 亿千瓦时，农林生物质燃用量约 5 400 万吨。据此计算，当年度农林生物质并网发电装机年平均利用小时数为 5 668 小时，燃料产电率为 0.735 7 千瓦时/千克。

据国家能源局《2016 年度全国生物质能源发电监测评价通报》，2016 年全国共投产农林生物质并网发电量项目 254 个，装机容量 635.90 万千瓦，年发电量为 333.33 亿千瓦时。据此计算，当年度农林生物质并网发电装机年平均利用小时数为 5 242 小时。

据国家能源局《生物质能发展“十三五”规划》（国能新能

〔2016〕291号），2015年全国已投产的农林生物质并网发电项目总装机容量为635.90万千瓦。按照2016—2017年两年全国农林生物质并网发电装机年平均利用小时数5 466小时计算，2015年全国农林生物质并网发电项目年发电为289.70亿千瓦时；按0.735 7千瓦时/千克的燃料产电率计算，2015年全国农林生物质并网发电燃料利用量为3 938万吨。

（2）全国农林生物质并网发电利用秸秆量估算。生物质发电项目是典型的“小电厂、大燃料”（边光辉，2012；董少广，2014），燃料成本经常占发电总成本的60％～70％（曾玉英，2012；胡婕 等，2015；黄忠友，2019），燃料的稳定供应和适宜的价格是项目正常运行的前提。

在我国已投产的农林生物质并网发电项目中，有七成以上将秸秆规划为主要燃料，不少项目将秸秆利用比重规划为70％甚至80％以上，“纯秸秆”项目规划也不罕见。但由于两季作物之间抢收抢种、秸秆收集时间短；农作物收获机械强制配备秸秆粉碎装置，经过机械粉碎和均匀抛撒后的秸秆田间收集困难；秸秆“堵料”问题较难解决，燃烧性能又劣于林木剩余物和农产品初加工副产物，发电厂对后两种燃料的收购和使用存在一定偏好；局部地区扎堆建厂哄抢原料，秸秆收购价格不断提升等方面的原因，不少农林生物质发电厂实际利用秸秆比重远低于规划预设。

齐志攀、范嘉良（2012）撰文指出：我国农林生物质发电所用的燃料分为软质燃料和硬质燃料两种，软质燃料主要是各种软皮农作物秸秆，硬质燃料主要是硬直的棉秆、树枝、桑条等。同时指出：在目前我国农林生物质发电厂之中，软质燃料占整个燃料利用总量的41％；在软质燃料中，水稻秸秆占53％，小麦秸

秆占47%。

据国家能源局《2017年度全国可再生能源电力发展监测评价报告》(国能发新能〔2018〕43号),安徽、江苏农林生物质发电量分别居全国各省(自治区、直辖市)第二位和第四位。此两省是我国主要农区,秸秆资源总量大、分布密度高。由该两省农林生物质发电秸秆利用比重可管窥全国状况之一斑。

通过对于学华(2017)、杨圣春等(2017)两文献的归纳整理,2014年、2015年和2016年上半年,安徽省农林生物质发电燃料消耗量分别为396万吨、440万吨和278万吨,秸秆收购量分别为100万吨、163万吨和81万吨,分别占燃料消耗总量的25.25%、37.05%和29.14%。

另据国家能源局《2016年度全国生物质能源发电监测评价通报》,2016年安徽省农林生物质发电量为41.31亿千瓦时。按0.735 7千瓦时/千克的燃料产电率计算,2016年安徽省农林生物质发电燃料消耗总量为561万吨。当年度,安徽省农林生物质发电实际利用秸秆189万吨(于学华,2017),占燃料消耗总量的33.69%。

2015年,江苏省15家农林生物质直燃电厂中,仅5家消耗稻麦秸秆数量达到或超过8万吨,接近半数企业不足5万吨,其中大丰都市和东海龙源生物质电厂分别仅为1.88万吨、0.16万吨,中电洪泽生物质电厂使用稻麦秸秆数量更是为零(宋晓华,2017)。2015年、2016年和2017年第一季度,江苏省农林生物质发电燃料消耗量分别为401.03万吨、456.64万吨和109.56万吨,其中,稻麦秸秆分别占22.06%、18.30%和15.10%(燕丽娜,2017)。

另外，笔者利用“CNKI 中国知网”，在有关农林生物质发电和秸秆发电的 2 000 多篇文献中，共查询到 5 篇论文（梁建国、马晓晖，2011；黄少鹏，2014；王婷然，2018；姚金楠，2018；丁亮，2015）在其农林生物质发电案例分析中明确给出了发电量和/或燃料消耗量、秸秆利用量和/或比重等相关信息。具体整理结果表明：除山东鱼台长青环保能源有限公司生物质电厂（2017 年）、东北地区某 30 兆瓦生物质电厂（2015 年）、安徽省五河县凯迪生物质发电厂（2013 年）秸秆利用比重分别达到 1/2 左右、1/3 左右和 1/5 左右外，其他农林生物质发电厂即江苏省国能射阳县生物质发电厂（2008—2014 年每年度）、安徽省砀山县光大新能源有限公司生物质能发电厂、安徽省五河县凯迪生物质发电厂（2011 年、2012 年）、江西省彭泽县 30 兆瓦生物质发电厂，秸秆利用比重全部在 1/5 以下。

笔者利用参加生物质能研讨会的机会对 10 多位生物质能发电专家进行了咨询。多数专家认为，目前我国已经投产的 200 多家农林生物质发电厂，虽然有不少家秸秆利用比重达到 50%以上，但大多数秸秆利用比重在 30%左右乃至更低，利用 30%左右的比重估算我国的农林生物质发电秸秆利用量较为接近实际。

上文指出，2015 年全国农林生物质并网发电燃料利用量估算结果约为 3 938 万吨。本文按照 30%～40%的高比重进行估算，则 2015 年全国农林生物质发电利用秸秆量约为 1 200 万～1 600 万吨。

3. 全国秸秆新型能源化利用量合计

综上分析，2015 年全国秸秆“四化”利用量约为 740 万～800 万吨，农林生物质发电利用秸秆量约为 1 200 万～1 600 万

吨。两项合计，2015 年全国秸秆“四化一电”利用量约为 2 000 万～2 400 万吨。

4. 农户直接燃用秸秆量

秸秆燃料化利用包括秸秆新型能源化利用和农户直接燃用两部分。

据国务院第三次全国农业普查领导小组办公室、国家统计局联合发布的《第三次全国农业普查主要数据公报（第四号）：农民生活条件》表明，第三次全国农业普查共对 23 027 万农户的生活能源利用状况进行了调查，其中，主要使用柴草（包括秸秆、薪材、牛粪等）的农户为 10 177 万户，占 44.2%。这一比重在东部地区为 27.4%，中部地区为 40.1%，西部地区为 58.6%，东北地区为 84.5%。尤其是东北地区，燃用柴草的农户不仅比重高，而且冬季取暖利用柴草量大，平均每户在 3 吨左右（本课题组调查结果）。

依据国家发展和改革委员会、农业部“十二五”秸秆综合利用规划情况终期评估结果，2015 年全国秸秆燃料化利用量 1.03 亿吨，扣除秸秆新型能源化利用量，全国农户直接燃用秸秆量约为 0.79 亿～0.83 亿吨。按 10 177 万户主要燃用柴草的农户数计算，平均每户燃用秸秆量在 780～820 千克左右。此与本课题组于 2014—2015 年完成的典型地区农户秸秆直接燃用量调查结果基本一致。

（二）全国有机肥企业堆肥利用秸秆量约为 400 万吨

前文已述，2015 年全国秸秆堆肥利用量大致为 1 400 万吨。

堆肥利用秸秆包括有机肥企业堆肥利用秸秆和农户堆肥利用秸秆两部分。

我国有机肥工厂化生产起步较晚。20 世纪 80 年代开始引进国外工艺的菌种，生产有机生物肥或粒状有机肥（王鹏，2001）。90 年代中后期，随着有机肥工业化生产技术的开发和推广应用，有机肥工厂化生产与利用得到了快速的发展（刘善江 等，2018）。进入 21 世纪，在国家“沃土工程”“土壤有机质提升”行动、“绿色、有机、无公害”农产品行动的推动下，以及有机肥免征增值税政策和生物有机肥所得税优惠政策的激励下，进一步推进了有机肥产业的发展进程。全国有机肥企业数量由 2002 年的近 500 家（马常宝，2004）增加到 2015 年的 2 800 家（观研天下北京信息咨询有限公司，2017），年均增加 177 家。

近年来，随着国家农业综合开发办公室《关于支持有机肥生产试点的指导意见》（国农办〔2014〕156 号），农业部《关于打好农业面源污染防治攻坚战的实施意见》（农科教发〔2015〕1 号）、《到 2020 年化肥使用量零增长行动方案》（农农发〔2015〕2 号），农业部和财政部《关于开展秸秆综合利用试点　促进耕地质量提升工作的通知》（农办财〔2016〕39 号），农业部《开展果菜茶有机肥替代化肥行动方案》（农农发〔2017〕2 号）、《畜禽粪污资源化利用行动方案（2017—2020 年）》（农牧发〔2017〕11 号），以及国家税务总局《关于明确有机肥产品执行标准的公告》（国家税务总局公告 2015 年第 86 号）等国家行政规范性文件的发布和实施，国家和地方各相关部门不断加大了对畜禽粪便、秸秆等农业废弃物资源化利用和有机肥生产的投资扶

持和财政补贴，并深入落实了税收、信贷、用地、用电等优惠政策，有效地激发了有机肥产业的规模化发展。2016 年和 2017 年，全国有机肥企业数量分别新增 300 家和 260 家，达到 3 100 家和 3 360 家；预计 2018 年将达到 3 500 家（观研天下北京信息咨询有限公司，2017）。

据农业部全国农业技术推广服务中心统计，在全国有机肥企业总量中，纯有机肥企业占 43%，生物有机肥企业占 13%，有机无机复混肥企业占 35%，其他企业占 9%。目前，全国有机肥企业设计年产能 3 482 万吨，年实际产量 1 630 万吨，产能发挥率为 46.81%（符纯华、单国芳，2017），平均每个企业年实际产量 5 821 吨。

对江苏、山东、安徽、河北、河南、湖南、四川、吉林等省的有机肥生产调研表明，秸秆有机肥企业数量占有机肥企业总量的比重在 9%～27%之间，平均比重为 15.6%。据此推算，2015 年在全国 2 800 家有机肥企业中，秸秆有机肥企业数量在 440 家左右。按平均每个企业年产有机肥 5 821 吨计，全国 440 家左右的秸秆有机肥企业，年有机肥实际产量约为 256 万吨。

实践表明，有机肥工厂化堆沤，每 10 吨有机物料可生产 7 吨有机肥。据此推算，全国 440 家左右的秸秆有机肥企业，年实际消纳有机物料约为 366 万吨。

目前，我国秸秆有机肥生产厂大多采用混合原料堆沤工艺，在秸秆中添加猪粪、牛粪、城镇污泥、农产品加工有机废弃物等低碳物料，来调节秸秆堆肥的碳氮比。各厂家秸秆与其他物料的调配比例在 8∶2 到 3∶7 不等，粮食主产区有机肥厂家秸秆比例大多高一些，城镇郊区有机肥厂家秸秆比例一般低一些。但对上述各省的调查显示，秸秆物料的总体比重可达到2/3左右。据此推算，全国440家左右的秸秆有机肥企业，年实际消纳秸秆量在250万吨左右。

除秸秆有机肥企业外，其他的有机肥企业，尤其是以猪粪、城镇污泥等低碳物料为主要原料的有机肥企业，也经常用秸秆来调节堆肥的碳氮比，秸秆添加比例在10%～30%，乃至更高。这部分有机肥企业占到全国有机肥企业总量的40%以上，年消纳秸秆量也达到130～150万吨。

综上估算，2015年全国有机肥工厂化生产利用秸秆量总体上达到近400万吨。

（三）秸秆新型产业化利用量约为0.48亿～0.52亿吨

综上估算，2015年全国秸秆新型能源化利用量约为2 000万～2 400万吨，有机肥企业堆肥利用秸秆量约为400万吨。依据国家发展和改革委员会、农业部“十二五”秸秆综合利用规划情况终期评估结果，2015年全国秸秆原料化利用量为0.24亿吨。三项合计，即2015年全国秸秆新型产业化利用量约为0.48亿～0.52亿吨，约占秸秆可收集利用量的5.33%～5.78%和秸秆离田利用总量的12.24%～13.37%。如果扣除秸秆编织等传统的秸秆原料化利用，其占秸秆离田利用总量的比重不到1/10。

秸秆新型产业化利用能力严重不足，是我国秸秆离田产业化利用的突出问题。

四、秸秆离田多元化利用策略

基于上述秸秆离田多元化利用现状和构成分析，结合其存在的现实问题和发展需求，特提出进一步提升我国秸秆离田多元化利用水平的如下策略。

（一）建立新型的农牧结合制度

改革开放以来，尤其是近20多年来，随着城市化进程加快和土地快速流转，大量青壮年劳动力进城就业，越来越多的农户放弃种养，或只种不养，又或只养不种，导致我国以农户为单元的农牧结合制度快速解体。然而，受农业和农村经济总体发展水平的制约，我国仍处在由农户分散经营向新型经营主体适度规模经营过渡的初期阶段，以农业龙头企业、农业合作组织、家庭农场为经营主体的新型农牧结合制度尚未有效形成，从而导致较为严重的种养脱节。据调查，目前全国90%以上农业园区为单一种植业或单一养殖业，即使是在长江三角洲、京津唐等经济发达地区，能够充分实现种养一体化的生态循环农业园区也不到1/10。而欧美国家，现代种植制度的设计大都考虑了土地载畜量的要求，不仅使部分土地（如英国1/3左右的土地）种植从属于畜牧业生产，而且对一般的农作物种植也要考虑到可饲用秸秆的出路问题（毕于运，2010）。

以秸秆饲料化利用为主导的秸秆离田利用，不仅是种养结合循环农业发展的关键环节，而且必将成为现代生态农业发展的重要物质基础。按照我国节粮型畜牧业长远发展的需求，如果我国的畜产品自给率足够高，秸秆饲料化利用量应占到秸秆总产量的1/5～1/4，而目前只有16.25%，尚有5～10个百分点的增长空间。

另外，我国的秸秆处理饲喂水平有待进一步提升。据农业部《全国节粮型畜牧业发展规划（2011—2020年）》（农办牧〔2011〕52号），全国秸秆饲用处理率由1992年的21%提升到2010年的46%，力争到2015年和2020年再分别提升5个百分点和10个百分点，即分别达到51%和56%。农业部于康震副部长《在全国畜禽标准化规模养殖暨秸秆养畜现场会上的讲话》（2013年7月21日）指出，2012年全国经过加工处理的秸秆饲喂比例达到48%。由之可见，如要达到中等发达国家不低于80%的秸秆饲用处理率，需要再提升25个百分点以上。

为了促进我国由过度依赖化肥等无机物质的现代农业向有机与无机相耦合的现代生态农业转变，应以农业龙头企业尤其是大型农牧综合体、农业合作组织、家庭农场等新型农业经营主体为依托，以现代生态农业园区为载体，以种养一体化、规模化、标准化为主要经营组织方式，构建系统完善的生态循环农业链条，将秸秆、畜禽粪便等农业废弃物完全消纳在农业生产体系内（园区内），从而建立起完全新型的农牧结合制度，实现农业的园区化、高效化、生态化、市场化发展。

同时，在不断提升秸秆饲料化利用率的情况下，积极发展秸秆饲料工业，并逐步普及规模化牛羊养殖场和养殖大户的秸秆处理饲喂，力争到2030年将全国秸秆饲用处理率提高到70%以上。

（二）建立具有中国特色的多元组合施肥制度

现代农业发展历程，是一个由现代农业生产要素对传统农业生产要素不断替代的过程，同时也是一个由注重无机物质投入，到有机、无机物质投入相匹配的发展过程。目前，世界上农业发达的国家都很注重施肥结构，基本形成了“秸秆直接还田＋厩肥（粪便与垫圈秸秆混合堆肥）＋化肥”的“三合制”施肥制度。美国和加拿大 3/4 的土壤氮素来自秸秆和厩肥；德国每施用 1.0 吨化肥，要同时施用 1.5～2.0 吨秸秆和厩肥（郝辉林，2001）。

借鉴发达国家的“三合制”施肥制度，在国家秸秆综合利用试点、畜禽粪污资源化利用行动、果菜茶有机肥替代化肥行动的推动下，针对畜禽粪便碳氮比偏低、秸秆碳氮比偏高的资源特性，积极发展秸秆与畜禽粪便混合堆肥。同时，充分考虑我国各类农作物种植的现实经济性与广大农户购买和施用商品有机肥的主要利益驱动，以粮食、棉花等大田作物“秸秆直接还田＋化肥”、大田高价值经济作物“秸秆直接还田＋有机肥＋化肥”、设施蔬菜水果和茶叶“有机肥＋化肥”为主要组合方式，建立具有中国特色的多元组合施肥制度。

（三）努力提高秸秆打包离田机械作业质量

秸秆打包离田是秸秆离田多元化利用的基础。我国秸秆打包离田机械作业主要存在两大问题：一是秸秆打包离田要经过搂草集条、捡拾打捆、抓捆装车运出农田三个主要环节的机械作业，在此过程中农田要经过搂草机（或割草搂草一体机）、打捆机、抓草机和运输车的四次碾压，这对于我国广大农区经过长期旋耕整地、耕层“浅、实、少”的农田来说无疑是雪上加霜。二是对经过农作物收获机械粉碎后抛撒在田间的秸秆进行捡拾打捆，含土量一般在10%～15%，打包后的秸秆只能用于发电、堆肥、压块燃料等用途，无法满足含土量不高于5%的秸秆饲用要求。同时，每进行1次秸秆捡拾打捆，保守估计，每亩农田将损失30～40kg的土壤，而且这部分土壤都是熟土、肥土。虽然其数量看起来微不足道，但经过3～4次的秸秆捡拾打捆，其所带走的土壤就相当东北黑土区、北方土石山区等地区一年的土壤轻度侵蚀量。

针对秸秆打包离田机械作业存在的上述问题：一要尽快研发并推广秸秆搂草、打捆一体机和抓草、运输一体车，以尽可能地减少农田碾压；二要大力推行农作物收获、秸秆打捆一体化作业，实现对秸秆的不落地“无土”打包，满足秸秆养畜等离田利用的高质量要求；三要适度降低秸秆捡拾作业强度，将打包秸秆的含土量控制在10%以下，减少农田土壤流失，同时提高打包秸秆质量。

（四）建立以废弃秸秆为主要消纳对象的秸秆产业化体系

我国秸秆利用存在两大问题，一是露天焚烧，二是废弃。经过近20年的不懈努力，除东北地区外，我国各主要农区的秸秆露天焚烧都已得到有效控制（毕于运、王亚静，2019）。

我国现实秸秆废弃量占可收集利用量的1/5。这部分秸秆主要散布在田边、路边、村边和沟渠中，不仅造成严重的面源污染，而且导致农村环境脏乱差。

一方面倾注大量资金施行秸秆打包离田，另一方面又将大量的秸秆弃如敝屣。秸秆打捆离田对保障我国秸秆产业化利用、缓解秸秆禁烧压力的作用是有目共睹的。但在华南、长江中下游、黄淮海、汾渭谷地、四川盆地等主要农区秸秆机械化还田水平显著提升、秸秆露天焚烧得到有效控制的良好局面下，必须不失时机地开展秸秆产业化利用的结构调整，在进一步发挥秸秆打捆离田利用潜能的基础上，将秸秆产业化发展的扶持重点逐步转向废弃秸秆的收集和利用。以解决瓜菜秸秆（如瓜秧、茄果类蔬菜秸秆、马铃薯秧、蒜秸、姜秆等）和蔬菜尾菜污染为目标，重点发展秸秆堆肥、秸秆沼气、秸秆养畜等废弃秸秆的循环利用；以解决棉秆、油菜秆、烟秆、木薯秆等木质秸秆废弃为重点，重点发展秸秆成型燃料、秸秆“炭气热”联产等秸秆新能源产业，逐步建立以废弃秸秆为主要消纳对象的秸秆利用产业化体系。

（五）努力提高秸秆新型产业高值化利用水平

根据秸秆打包机保有数量进行计算，目前我国秸秆机械打包作业能力已达到近4亿吨，而目前我国的秸秆新型产业化利用量仅占可收集利用量的5%～6%。因此，我国秸秆离田利用的突出问题，不是秸秆打包离田能力不足，而是秸秆离田利用能力尤其是新型产业化利用能力严重不足的问题。

在我国秸秆离田利用产业中，除发展历程较为长久的秸秆养畜和秸秆食用菌产业外，其他的秸秆新型产业门类包括秸秆发电、秸秆成型燃料、秸秆沼气和生物天然气、秸秆热解气化、秸秆炭化、秸秆纤维素乙醇、秸秆板材和复合材料、秸秆清洁制浆、秸秆商品有机肥等等在内，即使在相对比较弱质低效的农业产业化体系中，其总体经济效益预期也不具备明显的竞争优势，离开国家政策性扶持和补贴都较难实现强有劲的发展和长期维持。

未来我国秸秆离田产业化利用，要在进一步推进秸秆养畜和秸秆食用菌良性发展的基础上，按照中共中央办公厅、国务院办公厅《关于创新体制机制推进农业绿色发展的意见》（中办发〔2017〕56号）提出的“开展秸秆高值化、产业化利用”的要求，以产业的技术成熟度、内部收益率和生态环境效用为评判标准，对秸秆离田利用的各新型产业门类进行详尽的技术性、经济性和生态性评价，明确其高值化利用的优先序，并据其给予有重点的扶持和积极推进，逐步将我国秸秆新型产业化利用推上一个新台阶。秸秆沼气、秸秆商品有机肥（包括秸秆炭基肥）、秸秆成型燃料清洁供暖、秸秆清洁制浆、秸秆草毯草帘机械编织等可作为近期投资扶持的重点。

附录一　发达国家农作物秸秆利用法规政策及其经验启示

纵观全球，很多国家的农民都曾经或仍在将露天焚烧作为处理农作物秸秆的方法之一，直到 20 世纪 80 年代，不少欧美国家都存在一定的甚至较严重的秸秆露天焚烧问题（USDA Agricultural Air Quality Task Force and U.S. Department of Agriculture，1999；Yevich & Logan，2003；Chen et al.，2005；Korontzi et al.，2006；McCarty et al.，2007；李建政 等，2011）。为了充分利用秸秆资源，减少秸秆焚烧的压力，许多发达国家在秸秆综合利用尤其是秸秆新型能源化和秸秆覆盖保护性耕作等领域出台了一些有针对性的政策与法规，并取得了很好的实施效果。

目前，中国农作物秸秆利用的相关政策和法规还不够健全，学习和借鉴国外的先进经验和做法，对于解决中国秸秆利用技术装备相对落后、综合利用水平偏低、产业化发展相对滞后的现状，以及秸秆焚烧所造成的环境问题具有重要的现实意义。目前已有学者开展了生物质资源开发利用及其经验与启示方面的研究（邓勇 等，2010；思远，2010）。其中，又以生物质能源化利用的经验与启示研究最为丰富，主要体现在国外生物质能源化利用在产业发展、工程模式、立法政策等方面的先进经验与启示，并对中国生物质能产业的发展提出对策建议（童晶晶 等，2015；蒋济众 等，2015；张百灵 等，2014；吴战勇，2014）。国外农作物秸秆利用的经验与启示研究主要包括秸秆利用的技术装备、秸秆收储运模式等方面（靳秀林 等，2015；丁翔文 等，2009；王俊友 等，2008），而针对国外秸秆利用政策法规的经验与启示的研究尚嫌不足（靳贞来、靳宇恒，2015；朱立志 等，2013）。

本文通过对发达国家秸秆利用现状、秸秆利用相关政策和法规进行梳理归纳，借鉴其在利用途径、目标设定、政府投资、税收与信贷优惠、政策激励以及法律规定等方面的基本做法和成功经验，并结合中国国情，从政策和法规角度提出具有针对性的秸秆利用对策，为中国秸秆综合利用管理提供决策支持。

一、国外秸秆利用概况

按照联合国粮农组织（Food and Agriculture Organization，FAO）给出的主要农作物收获指数及其年度农业生产统计资料（来自 FAO 统计数据库）进行估算，2012 年全球秸秆总产量为 50.81 亿吨，其中：中国秸秆总产量为 9.40 亿吨，为世界第一，占全球秸秆总产量的 18.50%；美国、印度、巴西等其他 15 个秸秆产量超过 0.50 亿吨的国家，合计秸秆总产量为 28.75 亿吨，占全球 56.58%；秸秆产量低于 0.50 亿吨的其他各国，合计秸秆总产量为 12.66 亿吨，占全球 24.92%。

秸秆还田循环利用（包括秸秆直接还田和秸秆养畜过腹还田）是国外秸秆利用的主导方式。世界上农业发达的国家都很注重施肥结构，基本形成了“秸秆直接还田＋厩肥＋化肥”的“三

合制”施肥制度，一般秸秆直接还田和厩肥施用量占施肥总量的2/3左右。美国和加拿大的土壤氮素3/4来自秸秆和厩肥。德国每施用1.0吨化肥，要同时施用1.5～2.0吨秸秆和厩肥（郝辉林，2001）。

发达国家秸秆利用比较充分，基本杜绝了秸秆废弃与露天焚烧的问题。欧美各国一般将2/3左右的秸秆用于直接还田，将1/5左右的秸秆用作饲料。美国秸秆直接还田量占秸秆总产量的68%（刘巽浩 等，1998）。英国秸秆直接还田量占秸秆总产量的73%（李万良、刘武仁，2007）。日本2/3以上的稻草用于直接还田，1/5左右用作牛饲料或养殖场的垫圈料（毕于运，2010）。目前，韩国的稻麦秸秆已实现了全量化利用，近20%用于还田，80%以上用作饲料（周应恒 等，2015）。

世界各国秸秆离田产业化利用形式多样，除秸秆养畜之外，主要集中在新型能源化利用方面，如秸秆发电、秸秆沼气、致密成型燃料、纤维素乙醇等，其中秸秆发电以丹麦为代表，秸秆沼气以德国为代表，秸秆致密成型燃料以美国和北欧为代表，秸秆纤维素乙醇以美国为代表。另外，秸秆环保板材和建材也受到不少国家的关注。

为保障秸秆离田产业化利用，发达国家已形成了与秸秆综合利用产业相衔接、与农业技术发展相适宜、与农业产业经营相结合、与农业装备相配套的秸秆收储运技术装备体系（王俊友 等，2008）。

二、发达国家秸秆利用政策

发达国家秸秆利用政策主要集中在目标政策、投资扶持政策

（财政政策）、税收与信贷优惠政策、政策激励机制四个方面。

（一）目标政策

各国政府制定的目标政策称谓较复杂，主要包括行动计划、技术路线图、发展等。其中较具代表性的目标政策，一是欧盟的《可再生能源指令》，二是美国的《生物质技术路线图》。在这些目标政策中，秸秆都被作为可再生能源或生物质资源的重要目标对象。

2008 年欧盟通过的《可再生能源指令》提出了可再生能源"20-20-20"的战略目标，即：到 2020 年温室气体排放量比 1990 年减少 20%；可再生能源占能源总消费的比重提高到 20%；能源利用效率提高 20%。在此目标的基础上，欧盟各成员国相继制定了具有法律效力的国家可再生能源行动方案，规定了各国在不同时期的可再生能源的发展目标和实现路径（高虎等，2011）。

美国于 2003 年出台了《生物质技术路线图》，计划 2020 年使生物质能源和生物质基产品较 2000 年增加 20 倍，达到能源总消费量的 25%（2050 年达到 50%），每年减少碳排放量 1 亿吨。此后，美国又相继提出了《先进能源计划》（2006 年）、《纤维素乙醇研究路线图》（2006 年）、《美国生物能源与生物基产品路线图》（2007 年）、《2007—2017 年生物质发展规划》（2007 年）、《国家生物燃料行动计划》）（2008 年）、《生物质多年项目计划》（2009 年）等，进一步明确了生物质资源的开发利用的战略趋向和发展目标（邓勇 等，2010）。

（二）投资扶持政策（财政政策）

秸秆利用具有较强的环保效用和社会公益性，但利用技术和产业市场尚未十分成熟。故而，世界各国对秸秆利用的投资扶持和财政补贴主要集中在如下三方面：一是科技研发与试点示范项目投入；二是秸秆离田利用产业化示范项目，包括产前（秸秆收储运）、产中（项目建设与设备购置）、产后（产品销售与消费）等环节的投资扶持与补贴；三是秸秆还田补贴。

1. 科技研发与试点投入

秸秆资源的开发利用需要以先进的工艺技术作保障，因此，发达国家纷纷加大秸秆利用科技研发与试点项目建设的投入。如美国，在20世纪90年代后期就已将纤维素乙醇的研究及推广纳入国家可再生能源发展战略。2000年，美国政府通过了《生物质研发法》，并由农业部和能源部引领和管理，设立了生物质研发委员会和技术咨询委员会，正式启动了生物质研发项目。2007年，美国政府投资1.25亿美元建设了3个生物能源中心，专门进行纤维素生物能源研究。同年度，美国农业部和能源部联合发布声明，由农业部出资1 400万美元、能源部出资400万美元，共同设立基金，资助生物燃料、生物能源及相关产品的研究与开发。2008—2012年，美国政府对《生物质研发法》规定的项目共计投资了1.18亿美元。

欧盟各国近年来也加大资金资助，支持秸秆利用新产品、新技术、新设备的研发和试点示范。英国政府依法对从事创新技术或新产品研发的企业或机构给予其费用总额70%的资金补助

（张百灵、沈海滨，2014）。1976 年丹麦建立强大的人才队伍，开展可再生能源研发工程，并对秸秆发电等项目进行补贴。瑞典政府自 1975 年开始，每年从预算中拿出 3 600 万欧元用于生物质能源化利用技术研发和商业化示范推广补贴（郑玲惠 等，2009）。

2. 产前环节——秸秆收储财政补贴

发达国家一般将秸秆收储机械作为农机推广的配套机械，享受与一般农机购置相同的补贴。韩国政府对购买秸秆收储机械的农户实施财政直补政策，一套价值 1.3 亿韩元的分体式秸秆收储机械，可享受 0.5 亿韩元的政府补贴（周应恒 等，2015）。需要说明的是，在现有文献中，作者尚未检索到国外有关秸秆收储场地建设的补贴政策。

3. 产中环节——项目建设与设备购置投资扶持与财政补贴

世界各国政府对秸秆等生物质产业化发展的投资扶持有三大特征：一是普及面广，在世界各主要国家中，无论是发达国家还是发展中国家，都有一定的投资扶持计划和项目；二是主要集中在生物质能源领域；三是以产业化示范项目建设与设备购置投资扶持及补贴为主。

发达国家十分注重对新型产业化示范项目的投资扶持与财政补贴，例如美国，自 2008 年《农场法案》通过后，开始加大对生物质能等新能源发展的财政投入，仅在秸秆纤维素乙醇方面就投资 8 000 万美元扶持建设了 3 个产业化示范项目。美国能源部、农业部以及艾奥瓦州都对 2014 年正式投产的美国首家商业级纤维素乙醇项目（产业化示范项目）给予了大力支持。该项目总投资 2.75 亿美元，其中，美国能源部拨款 1 亿美元作为项目

设计和施工、生物质收集以及基础设施建设费用，艾奥瓦州政府拨款 2 000 万美元作为项目固定设施和原料物流费用，美国农业部投资 260 万美元作为项目收集玉米秸秆以及建设原料物流网络的费用。

据任继勤等（2014）综述：自 1991 年以来，瑞典对生物质能源热电联产企业的投资补贴额度最高可达到其投资成本的 25%。1999 年以后，芬兰政府对生物质能源项目的补贴额度最高可达到投资成本的 30%（Ericsson et al.，2004）。波兰每年拿出 2.5 亿～5 亿欧元用于扶持生物质能源发展（Nilsson et al.，2006）。希腊对投资生物质能源企业的补贴占投资成本的 40%，并且免税（Panoutsou，2008）。意大利政府对生物质能源项目给予投资成本 30%～40% 的财政补贴（Thornley & Cooper，2008）。

在设备购置补贴方面，丹麦政府通过补贴设备价格，对秸秆发电等可再生能源项目给予补贴，秸秆锅炉采购补贴金额在 1995 年高达 30%；随后根据设备成本的下降幅度对补贴比例逐年下调，2000 年降至 13%，目前该项补贴政策已经取消（丁翔文 等，2009）。德国对沼气设备投资按比例给予补贴或低息贷款（刘宁、张忠法，2009）。

4. 产后环节之一——产品补贴与固定价格政策

文献表明，世界各国秸秆工业化产品补贴与固定价格政策的实施几乎全部集中在秸秆新能源方面，尤以秸秆发电和秸秆纤维素乙醇最为突出。

在秸秆等生物质发电方面：德国形成了成熟的固定电价降价机制和电价附加征收联动体系，并对兼有发电和供暖功能的燃烧站给予 2 欧分/千瓦时的功能补贴，对采用新技术的给予 2 欧分/千瓦时的新技术补贴。丹麦采取了以电力市场交易为基础的固定补贴制度，每度电补贴 2 欧分，使秸秆发电上网电价达到 8 欧分/千瓦时（谢旭轩 等，2013）。瑞典对生物质发电采取市场价格加 0.9 欧分/千瓦时的补贴（中国农村科技编辑部，2011）。美国和加拿大对秸秆纤维素乙醇实施产品补贴政策，在美国，每生产 1 加仑* 乙醇，可以得到 51 美分的政府补贴（席来旺，2007）。

5. 产后环节之二——用户消费补贴

德国、瑞典、荷兰等欧盟各国对生物质燃气和成型燃料用户都有一定的消费补贴。如瑞典政府，从 2004 年至 2006 年，对使用生物质颗粒燃料采暖的用户，每户提供 1 350 欧元的补贴（张嵎喆，2008）。

6. 秸秆还田补贴

近 10 多年来，韩国政府积极推广秸秆还田，对采取还田的农户每亩补贴 2 万韩元（周应恒 等，2015）。

发达国家保护性耕作的快速发展，在很大程度上得益于政府的大力支持。在保护性耕作推广初期，大多数国家采用项目支持或政策扶持等方式，对农民购买相关农机具给予一定补贴，并在保护性耕作技术应用上给予农民示范引导。美国通过减少农业保险投资额、为免耕播种机购买者提供低息贷款或一次性补助等方式，促进农场主实施保护性耕作（思远，2010）。澳大利亚对购买免耕播种机械的农民给予 50%的补贴，对进行农机具改进、技术示范、人员培训给予 70%的补助（李安宁 等，2006）。同

---

* 加仑：体积单位，1 加仑＝0.003 79 米^3

时，澳大利亚对实施保护性耕作的农场，政府对其农用柴油给予0.32澳元/升的补贴（杨林 等，2001）。墨西哥对购买保护性耕作机具给予20%以上的购机补贴（李安宁 等，2006）。

（三）税收与信贷优惠政策

税收与信贷优惠是促进秸秆产业化利用，提高企业市场竞争力，扶持企业发展的必要手段。世界各国有关政策主要集中在秸秆新型能源化利用方面，在秸秆覆盖保护性耕作方面也偶见报道（如澳大利亚政府通过减税方式鼓励农场主采用保护性耕作技术与机具），但在秸秆肥料化、饲料化、原料化利用方面尚无案可稽。

美国对可再生能源发展规定了技术开发抵税和生产抵税两种抵免企业所得税的措施。美国可再生能源生产税为生物质发电提供了1.8美分/千瓦时的税收减免政策，同时秸秆纤维素乙醇项目也都享受税收补贴或者减免。

欧盟各国主要采用两种方式推动生物质能源产业的发展：一是生物质能源免税。如瑞典和芬兰对生物质能开发项目免征所有种类的能源税，同时提高了对化石能源的税收。1990年芬兰首先引入以碳为基础的税收政策。德国主要采用低税率政策激励沼气等生物质能源发展。二是实施差额碳税政策，对化石能源征收高额碳税，而对生物质能源免征碳税，以激励生物质能源产业化发展。如意大利于1999年推出碳税政策，煤炭的税收最高，其次是石油，天然气最低，而生物质能源不征收碳税，并将碳税的收入投资到可再生能源项目（Ericsson et al.，2004）。丹麦从1993年开始对工业排放的CO_2进行征税，并将税款用来补贴秸秆发电等可再生能源的研究（丁翔文 等，2009）。

在信贷优惠方面，西班牙对个人和企业投资的生物质能发电项目实施了贷款利息减免计划。丹麦政府明文规定，银行要为秸秆发电等可再生能源产业提供低息贷款（靳贞来、靳宇恒，2015）。

（四）政策激励机制

就产业发展而言，政府常用的政策激励机制主要有两方面的内容：一是实施政府采购；二是推行配额制。文献检索表明，目前尚未发现哪个国家将秸秆产品纳入政府采购的报道。与秸秆产业化发展有关的配额制主要体现在秸秆发电（包括秸秆直燃发电、秸秆沼气发电等）领域。欧盟许多国家通过建立“绿色电力证书”及其交易制度来实现绿色电力配额制度（Morthorst，2000；Dinica & Arentsen，2003）。电力生产商或供应商可通过购买其他企业的“绿色电力证书”来达到政府规定的配额要求，可再生能源发电企业通过销售“绿色电力证书”得到额外收益（Ecofs，2012），从而激励企业发展绿色电力。

三、发达国家秸秆利用法规

秸秆利用途径虽然多样，但就现有文献而言，作者尚未检索到有关秸秆利用的专项法规。国外与秸秆利用直接相关的法规主要有两大类：一是农业类法规，集中体现在秸秆还田培肥和秸秆覆盖保护性耕作等方面，但美国的《农场法案》对生物质能源发展政府投资扶持做出了具体规定。二是能源类法规，其中，与秸秆

新型能源化利用直接相关且具有纲领性作用的法规是可再生能源法规，与秸秆新型能源化利用密切相关的法规是生物质能源法规。

（一）美国《农场法案》对生物质能源的财政投资规定

美国《农场法案》每5年制定一次，是联邦政府农业财政支出的依据。2008年《农场法案》是美国新能源支持政策的转折点，自此以后，美国生物能源政策重点开始向非玉米生物燃料（以纤维素乙醇为主）生产转移，并扩大实施范围。按照2008年《农场法案》的授权，2008—2012年美国政府对生物质能源计划补贴27.76亿美元，其中“强制补贴”10.42亿美元，“相机补贴”17.34亿美元；实际使用资金19.86亿美元，主要投资去向为：生物质能源作物援助计划9.24亿美元、生物燃料提炼厂援助计划3.20亿美元、农村能源项目（Rural Energy for America Program，REAP）2.96亿美元、先进燃料生物能源计划2.60亿美元等（李超民，2013）。美国2014年《农场法案》虽然将“强制补贴”降至8.80亿美元，但在生物质能源市场项目、生物质能源精炼援助项目、生物质能源农作物援助项目等方面增加了补贴额度，并要求联邦政府机构采购生物质能源的量必须达到某一目标（彭超，2014）。

（二）可再生能源法规

目前，世界各国都较为重视可再生能源的发展，并通过加强立法，从财政补贴、税收减免、信贷优惠、市场机制（价格控制）、政策激励等方面对其进行大力促进和保障支持。

世界上第一部可再生能源法律文本是2000年德国议会通过的《可再生能源法》（罗涛，2010）。该法全面、深入、细致地考虑了可再生能源电力的发展，是世界可再生能源立法领域的典范。在此后的10多年间，德国根据其可再生能源发展的实际情况，分别于2004年、2008年、2012年、2014年对《可再生能源法》进行了修改和完善，法律条款由最初的12条扩充为66条，形成了较完备的框架（舟丹，2014）。德国《可再生能源法》通过规定政府保证以相对较高的价格收购可再生能源、实施强制性可再生能源配额制度、不断提高经济支持力度、具体规定生产单位补贴办法等内容，帮助和支持经营生物质能源的中、小企业发展，从而有效地推动了可再生能源的开发利用。

（三）生物质能源法规

秸秆是生物质资源的基本构成，生物质能源法规是对秸秆新型能源化利用的具体法律规定。国外生物质能源法规常以条例的形式出现，如美国的《生物质能条例》、德国的《生物质能条例》和《生物质发电条例》等。

德国环境部于2001年制定了《生物质能条例》和《生物质发电条例》，并于2005年对两条例进行了修改（Vasilyev，2011；Kirsten，2014）。《生物质能条例》对秸秆沼气、秸秆发电等秸秆新型能源化利用方式做了明确的规定。《生物质发电条例》对秸秆等生物质发电的技术范围、环境标准、电价控制、配额制度、财

政政策等有关内容做了具体要求。《生物燃料配额法》提出对第二代生物燃料、纯生物柴油和E85免税（罗涛，2010）。

美国联邦政府先后通过了《生物质能条例》（2001年）、《农业新能源法案》（2008年）等，为生物质能等新能源的开发利用提供了法律支持（王韬钦，2014）。

日本生物质资源化利用形成了较完整的法律体系，包括《环境基本法》（1993）和《建立循环型社会基本法》（2000）等基本法律，以及《废弃物处理法》（1970）、《再生资源利用促进法》（1991，2001年修订）、《食品废弃物再利用法》（2001）等单行法（Matsumoto et al.，2009）。

（四）有关秸秆还田培肥和保护性耕作的法律规定

国外有关秸秆还田培肥的法律规定，主要体现在耕地地力保养或土壤肥力保养的具体法规（条例）中，例如日本把秸秆直接还田当作农业生产中的法律去执行，其《肥力促进法》明确提出必须“依靠施用有机肥料培养地力，在培养地力的基础上合理施用化肥”。

各国政府为促进保护性耕作的推广，推出相应的法律政策来保障其实施，但尚未发现哪个国家制定保护性耕作的专项法规。有关保护性耕作的法律规定一般体现在各类农业法规中，如美国的《土壤保护法案》（1935），要求农场主尽可能采用能够保护土壤的措施；《农村发展法》（1972）和《食品安全法令》（1985）都要求对易受侵蚀的耕地采用保护性耕作技术，否则将得不到政府的任何补贴（金攀，2010）。澳大利亚通过制定法规鼓励保护性耕作研究，并根据有关法案，提取农场主农业产值的1%作为研究费用，政府再按提取费用的40%加以补助（刘恒新 等，2009）。

四、经验与借鉴

世界各农业发达国家在秸秆利用目标设定、政府投资、税收与信贷优惠、政策激励以及法律保障等方面的基本做法和成功经验，对中国秸秆利用具有宝贵的借鉴意义。需要说明的是，世界各农业发达国家秸秆利用政策法规的制定是基于其农业生产基本国情做出的。发达国家农业生产多以大型农场为单位，地块集中，单季种植，机械化程度高，收储运体系完善；中国则是以家庭联产承包经营为基础的土地经营模式，地块分散，多季种植，秸秆总量大、种类多，且空间分布不均，秸秆收储运成本高、效率低。立足中国国情，借鉴国外经验，未来中国须明确秸秆利用的主导方式和目标，加强政策创设，建立长效机制，完善法规保障，以促进中国秸秆综合利用水平不断迈上新台阶。

（一）明确秸秆利用的主导方式和目标

据测算，目前中国秸秆直接还田量约为4.38亿吨（王亚静等，2015），占秸秆总产量的45%左右，比发达国家秸秆直接还田总体比重低20个百分点左右；秸秆饲料化利用量约为2.10亿吨，占秸秆总产量的22%左右，与发达国家秸秆饲料利用数量比重基本持平，但存在着严重的种养脱节问题。

借鉴发达国家的经验，中国应大力推进秸秆还田循环利用，

尽快建立具有中国特色的“三合制”施肥制度。中国大多数地区属于一年两熟或多熟地区，而多数发达国家以一年一熟为主，相比之下，秸秆直接还田所遇到的制约因素相对较多，难度也可能较大，可考虑适当降低秸秆直接还田的总体数量比重，而着力发展以秸秆为主要粗饲料来源的草食畜牧业。从长远来看，应力争使中国秸秆还田（包括秸秆直接还田和过腹还田）循环利用量达到秸秆总产量的80%以上，并以深入的研究为基础，将此目标按年份、按区域进行分解，尽可能地纳入国家有关秸秆利用的规定中。根据秸秆产业发展特点明确各阶段发展目标并灵活调整，实现秸秆资源利用科学有序开发。

（二）加大政府投资扶持力度

根据发达国家的经验，未来中国应在技术和设备研发、项目示范、产品补贴等方面加大政府投资扶持力度：一是加强技术设备研发和产业化项目示范的投资扶持。在政府的大力投资扶持下，应立足自主创新，不断引进和消化吸收发达国家在秸秆饲用、发电、沼气、颗粒燃料生产等方面的先进技术、工艺和设备，并在秸秆清洁制浆、纤维素乙醇、生物质油、环保板材和建材等方面加强超前研发，形成技术储备，同时开展与上述内容有关的新型产业化项目示范。二是以产品规模为主要标准，参照秸秆收储利用规模和项目建设投资规模，实施应补尽补的绿色产品财政补贴。另外，对于专业化的秸秆收储运企业，按收储规模进行财政补贴。三是借鉴韩国的经验，按面积进行秸秆机械化还田作业补贴。四是加大农机购置补贴支持力度。对秸秆利用亟须的免耕播种机、深松机、翻耕机、打捆机、粉碎机、成型燃料机等主要农机装备做到应补尽补，同时加大对大马力、高性能、多功能、智能化、绿色化等新型机具的支持力度。

（三）制定并实施税收和信贷优惠政策

借鉴世界各国生物质产业税收优惠的现行做法，未来中国，首先要将秸秆资源纳入现行的《再生资源回收管理办法》，同时将与现行政策相符的秸秆利用项目纳入《资源综合利用企业所得税优惠目录》，并享受与之相关的各项优惠政策，同时实施投资抵免、减免增值税等政策；其次，制定并实施差额碳税政策，即对化石能源征收高额碳税，而对生物质能源免征碳税，并将化石能源碳税收入投资到生物质能源等可再生能源项目。

实施秸秆收储和加工利用企业信贷优惠政策，对秸秆开发利用企业进行免税、资金补助等优惠政策，对符合小微企业标准的秸秆收储和加工利用企业提供融资服务，并使其享受既定的税收优惠。

（四）建立政策激励机制

发达国家的政策激励机制以绿色电力配额制为主，包括“绿色电力证书”和“绿色电力证书交易制度”。中国生物质发电已较成规模，装机容量仅次于欧盟、美国、巴西，居世界各国和地区第四位，可考虑以试点为基础，逐步推行该配额制度。

根据国情，从如下四个方面进一步建立和完善秸秆利用政策激励机制：一是按照明确事权、多方负担的原则，建立中央、地

方、经营主体三方筹资制度；二是对秸秆收储和加工用电执行农用电价政策；三是将秸秆收储用地纳入农业用地管理；四是对秸秆运输实施减免过路过桥过闸费的政策。此外，激励政策要具有一定的稳定性、连贯性和系统性，从而保障秸秆开发利用的持续稳定发展。

（五）完善和制定有关法规和条例

应加快立法进程，进一步完善中国有关秸秆利用的法规和条例，从法律上保障秸秆产业的健康发展。从借鉴国外经验来看：首先，应以《可再生能源法》为上位法规，制定《生物质能条例》，并对秸秆等生物质发电、沼气、生物天然气、致密成型燃料、纤维素乙醇等主要利用方式做出具体的规定，明确其发展目标、技术要求、扶持重点、激励机制、强制性处罚、政策保障等有关要求。其次，要制定《全国土壤肥力保养条例》，对秸秆直接还田、秸秆养畜过腹还田等有关重要内容做出具体规定。

从现实国情来看：一要对有关秸秆利用的某些基本法进行修订，如在《畜牧法》中增加秸秆养畜的有关规定，在《水土保持法》中针对风蚀地区增加保护性耕作的有关规定等；二是在总结地方秸秆综合利用条例或管理办法制定与实施效果的基础上，制定以秸秆“五料化”（肥料化、饲料化、燃料化、基料化、原料化）利用和秸秆收储运体系建设为主要内容的相关条例，对秸秆综合利用做出具体的规定；三是在新农村建设、美丽乡村建设的国家规定中明确秸秆综合利用和安全处理的有关标准和要求。

附录二　农作物秸秆综合利用和禁烧管理国家法规综述与立法建议

法规是对法律、法令、条例、规则、章程等法定文件的总称。在我国现行法规中，对农作物秸秆（简称秸秆）综合利用和禁烧管理做出明文规定的法律主要有《中华人民共和国农业法》（简称《农业法》）、《中华人民共和国循环经济促进法》（简称《循环经济促进法》）、《中华人民共和国大气污染防治法》（简称《大气污染防治法》）、《中华人民共和国环境保护法》（简称《环境保护法》）、《中华人民共和国固体废物污染环境防治法》（简称《固体废物污染环境防治法》）和《中华人民共和国土壤污染防治法》（简称《土壤污染防治法》）；行政法规主要为《民用机场管理条例》；行政规章主要为《秸秆禁烧和综合利用管理办法》。

相关法律主要有《中华人民共和国治安管理处罚法》（简称《治安管理处罚法》）、《中华人民共和国消防法》（简称《消防法》）、《中华人民共和国突发事件应对法》（简称《突发事件应对法》）、《中华人民共和国刑法》（简称《刑法》）、《中华人民共和国可再生能源法》（简称《可再生能源法》）、《中华人民共和国节约能源法》（简称《节约能源法》）、《中华人民共和国电力法》（简称《电力法》）。

一、农作物秸秆综合利用国家法规

（一）国家现行法律对农作物秸秆综合利用的明文规定

在国家现有法律体系中，对秸秆综合利用做出明文规定的法律主要有《农业法》《循环经济促进法》《大气污染防治法》《环境保护法》《土壤污染防治法》，其具体规定如附表 1 所示。

附表 1　国家法律对秸秆综合利用的具体规定

法律名称	发布与修订/修正时间	相关条款及规定
农业法	1993 年发布	（无秸秆综合利用规定）
	2002 年修订	第六十四条第二款　农产品采收后的秸秆及其他剩余物质应当综合利用，妥善处理，防止造成环境污染和生态破坏
	2009 年第一次修正 2012 年第二次修正	第六十五条第二款（具体规定同上）
循环经济促进法	2008 年发布	第三十四条　国家鼓励和支持农业生产者和相关企业采用先进或者适用技术，对农作物秸秆、畜禽粪便、农产品加工业副产品、废农用薄膜等进行综合利用，开发利用沼气等生物质能源
环境保护法	1989 年发布	（无秸秆综合利用规定）
	2014 年修订	第四十九条第一款　各级人民政府及其农业等有关部门和机构应当指导农业生产经营者科学种植和养殖，科学合理施用农药、化肥等农业投入品，科学处置农用薄膜、农作物秸秆等农业废弃物，防止农业面源污染

（续）

法律名称	发布与修订/修正时间	相关条款及规定
大气污染防治法	1987 年发布 1995 年第一次修正 2000 年第一次修订	（无秸秆综合利用规定）
	2015 年第二次修订	第七十六条第一款　各级人民政府及其农业行政等有关部门应当鼓励和支持采用先进适用技术，对秸秆、落叶等进行肥料化、饲料化、能源化、工业原料化、食用菌基料化等综合利用，加大对秸秆还田、收集一体化农业机械的财政补贴力度。 第七十六条第二款　县级人民政府应当组织建立秸秆收集、储存、运输和综合利用服务体系，采用财政补贴等措施支持农村集体经济组织、农民专业合作经济组织、企业等开展秸秆收集、储存、运输和综合利用服务
	2018 年第二次修正	（同上）
土壤污染防治法	2018 年发布	第二十九条　国家鼓励和支持农业生产者采取下列措施： …… （五）综合利用秸秆、移出高富集污染物秸秆； ……

我国最早做出秸秆综合利用规定的法律是 2002 年修订的《农业法》。该法规定："农产品采收后的秸秆及其他剩余物质应当综合利用，妥善处理，防止造成环境污染和生态破坏。"2009 年第一次修正和 2012 年第二次修正的《农业法》都保留了上述规定。

2008 年通过的《循环经济促进法》规定：国家鼓励和支持农业生产者和相关企业采用先进或者适用技术对农作物秸秆进行

综合利用。

2014 年修订的《环境保护法》规定：各级人民政府及其农业等有关部门和机构应当指导农业生产经营者科学处置农作物秸秆等农业废弃物，防止农业面源污染。

2015 年修订的《大气污染防治法》规定：各级人民政府及其农业行政等有关部门应当鼓励和支持采用先进适用技术，对秸秆进行肥料化、饲料化、能源化、工业原料化、食用菌基料化等综合利用，加大对秸秆还田、收集一体化农业机械的财政补贴力度。同时规定：县级人民政府应当组织建立秸秆收储运和综合利用服务体系，采用财政补贴等措施支持农村集体经济组织、农民专业合作经济组织、企业等开展秸秆收储运和综合利用服务。

2018 年通过的《土壤污染防治法》提出：国家鼓励和支持农业生产者采取“综合利用秸秆、移出高富集污染物秸秆”等农业清洁生产方式。

由上可见，随着时间的递进，我国法律对秸秆综合利用的规定越来越具体，越来越完善。

在现实农业生产、资源利用和生态环境保护中，与秸秆综合利用密切相关的法律应当还有《中华人民共和国畜牧法》（简称《畜牧法》）、《中华人民共和国水土保持法》（简称《水土保持法》）、《固体废物污染环境防治法》《中华人民共和国清洁生产促进法》（简称《清洁生产促进法》）、《中华人民共和国环境影响评价法》（简称《环境影响评价法》）等。但直到目前，这些法律对秸秆综合利用的规定仍然缺失。

（二）国家现行法律对农作物秸秆综合利用相关产业发展的规定

秸秆综合利用相关产业是指包含一种或几种秸秆利用方式的综合性产业门类或体系，其中主要是生态循环农业体系和生物质产业体系。

在生态循环农业体系中又以种养一体化和保护性耕作为主，因为秸秆过腹还田是种养一体化的核心内容，而秸秆覆盖是保护性耕作的“三要素”（免耕、秸秆覆盖、土壤深松）之一。我国现行的《畜牧法》《基本农田保护条例》等有关法律法规，还没有对秸秆养畜、秸秆过腹还田、种养一体化、秸秆覆盖还田、保护性耕作等有关内容做出规定。

在生物质产业体系中又以生物质能产业为主。在现行法规和政策中，除对林木剩余物、畜禽粪便、城镇有机垃圾和污泥、农产品加工有机废弃物、能源作物及陈化粮、海藻生物质等生物质的能源化利用所做的特别规定之外，其他的生物质能一般规定皆适用于秸秆的新型能源化利用。目前，我国对生物质能做出明文规定的法律主要是《可再生能源法》，其次为《节约能源法》《电力法》。

1.《可再生能源法》对生物质能发展的规定

《可再生能源法》（2005 年发布，2009 年修订）第二条第一款规定：“可再生能源，是指风能、太阳能、水能、生物质能、地热能、海洋能等非化石能源。”第三款规定：“通过低效率炉灶直接燃烧方式利用秸秆、薪柴、粪便等，不适用本法。”

《可再生能源法》第九条规定："编制可再生能源开发利用规划，应当遵循因地制宜、统筹兼顾、合理布局、有序发展的原则，对风能、太阳能、水能、生物质能、地热能、海洋能等可再生能源的开发利用作出统筹安排。"

《可再生能源法》对秸秆新能源相关产业的规定主要体现在可再生能源发电、生物质燃料生产与利用、农村可再生能源发展三个方面，相关能源产品包括电力、燃气、热力、液体燃料等。其中，对"国家鼓励清洁、高效地开发利用生物质燃料"的明文规定，为我国生物质成型燃料的高品质发展和清洁利用提供了法律保障。

2.《节约能源法》对生物质能发展的规定

《节约能源法》（1997 年发布，2007 年修订，2016 年修改）第七条第三款规定："国家鼓励、支持开发和利用新能源、可再生能源。"第五十九条第三款规定："国家鼓励、支持在农村大力发展沼气，推广生物质能、太阳能和风能等可再生能源利用技术。"

3.《电力法》对生物质能发展的规定

《电力法》（1995 年发布，2015 年修正）第五条第二款规定："国家鼓励和支持利用可再生能源和清洁能源发电。"第四十八条第二款规定："国家鼓励和支持农村利用太阳能、风能、地热能、生物质能和其他能源进行农村电源建设，增加农村电力供应。"

（三）农作物秸秆综合利用国家行政规章

为保护生态环境，防止秸秆焚烧污染，保障人体健康，维护公共安全，根据《环境保护法》和《大气污染防治法》，由国家环境保护总局、农业部、财政部、铁道部、交通部、中国民航总局等六部门联合起草了《秸秆禁烧和综合利用管理办法》，在广泛听取了公安、银行、科技、林业、文物、电力、信息产业、粮食储备等10多个部门意见的基础上，以环发〔1999〕98号文的形式进行了正式发布实施，从而使我国秸秆禁烧和综合利用实现了法制化、规范化管理。

《秸秆禁烧和综合利用管理办法》是目前我国唯一的以秸秆禁烧和/或综合利用为题的国家行政规章，其虽然在《大气污染防治法》于2015年第二次修订后被明令废止，但曾对我国此前的秸秆禁烧和综合利用执法管理发挥了十分重要的作用。

针对秸秆综合利用，《秸秆禁烧和综合利用管理办法》明确提出：各地应大力推广机械化秸秆还田、秸秆饲料开发、秸秆气化、秸秆微生物高温快速沤肥和秸秆工业原料开发等多种形式的综合利用。同时提出：在地方各级人民政府的统一领导下，由农业部门负责指导秸秆综合利用的实施工作，并将秸秆综合利用工作纳入地方各级农业目标责任制，严格检查、考核。

由于当时对秸秆综合利用推进工作的难度估计不足，该规章提出的“到2005年各省、自治区、直辖市的秸秆综合利用率达到85%”的目标，直至目前不少省份仍没有实现。

《秸秆禁烧和综合利用管理办法》废止后，秸秆综合利用指导工作将主要执行国家发展和改革委员会、农业部和财政部等部门的相关规定。

二、农作物秸秆禁烧管理国家法规

（一）国家现行法律对农作物秸秆禁烧的明文规定

在我国现行法律体系中，对秸秆禁烧做出明文规定的法律主要有《大气污染防治法》《固体废物污染环境防治法》，具体规定如附表2所示。

1.《大气污染防治法》对秸秆禁烧的规定

2000年第一次修订的《大气污染防治法》首次将秸秆禁烧纳入国家法律规定，明确要求“禁止在人口集中地区、机场周围、交通干线附近以及当地人民政府划定的区域露天焚烧秸秆”。同时提出，对于违反该规定的，“由所在地县级以上地方人民政府环境保护行政主管部门责令停止违法行为；情节严重的，可以处200元以下罚款”。

2015年第二次修订的《大气污染防治法》明文规定“省、自治区、直辖市人民政府应当划定区域，禁止露天焚烧秸秆”，同时规定由县级以上地方人民政府确定的监督管理部门（不再局限于环境保护行政主管部门）负责执法和违规处罚，并将违规罚款由原来的“200元以下”提高到“500元以上2 000元以下”。

《大气污染防治法》第一百二十七条规定：“违反本法规定，构成犯罪的，依法追究刑事责任。”此为秸秆焚烧造成重大大气污染事故，导致公私财产遭受重大损失或者导致人身伤亡严重后果，并构成犯罪的，依法追究有关责任人员的刑事责任提供了法律依据。

附表 2　秸秆禁烧国家法律规定

法律名称	发布和修订/修正时间	相关条款与规定
大气污染防治法	1987 年发布 1995 年第一次修正	（无秸秆禁烧规定）
	2000 年第一次修订	第四十一条第二款　禁止在人口集中地区、机场周围、交通干线附近以及当地人民政府划定的区域露天焚烧秸秆、落叶等产生烟尘污染的物质。 第五十七条第二款　违反本法第四十一条第二款规定，在人口集中地区、机场周围、交通干线附近以及当地人民政府划定的区域内露天焚烧秸秆、落叶等产生烟尘污染的物质的，由所在地县级以上地方人民政府环境保护行政主管部门责令停止违法行为；情节严重的，可以处 200 元以下罚款
	2015 年第二次修订	第七十七条　省、自治区、直辖市人民政府应当划定区域，禁止露天焚烧秸秆、落叶等产生烟尘污染的物质。 第一百一十九条第一款　违反本法规定，在人口集中地区对树木、花草喷洒剧毒、高毒农药，或者露天焚烧秸秆、落叶等产生烟尘污染的物质的，由县级以上地方人民政府确定的监督管理部门责令改正，并可以处 500 元以上 2 000 元以下的罚款。 第一百二十七条　违反本法规定，构成犯罪的，依法追究刑事责任
	2018 年第二次修正	（同上）
固体废物污染环境防治法	1995 年发布	（无秸秆禁烧规定）
	2004 年修订	第二十条第二款　禁止在人口集中地区、机场周围、交通干线附近以及当地人民政府划定的区域露天焚烧秸秆
	2013 年第一次修正 2015 年第二次修正 2016 年第三次修正	（同上）

另外，2015年第二次修订的《大气污染防治法》提出了进行“重点区域大气污染联合防治”的要求，此为我国秸秆禁烧建立区域联防联控机制，开展区域统筹统防提供了法律保障。

2.《固体废物污染环境防治法》对秸秆禁烧的规定

2004年第一次修订的《固体废物污染环境防治法》明令“禁止在人口集中地区、机场周围、交通干线附近以及当地人民政府划定的区域露天焚烧秸秆”。此规定与2000年第一次修订的《大气污染防治法》的秸秆禁烧规定完全相同，而且在此后的三次（2013年、2015年和2016年）的《固体废物污染环境防治法》修订中都保留了与之完全相同的规定。但历次修订的《固体废物污染环境防治法》都没有明确秸秆禁烧执法的职能部门以及违反秸秆禁烧的处罚规定。

（二）农作物秸秆禁烧治安管理所依据的主要法律及其相关规定

我国各级人民政府秸秆禁烧治安管理尤其是行政拘留所依据的法律主要是《治安管理处罚法》《突发事件应对法》《消防法》。

1.《治安管理处罚法》的相关规定

《治安管理处罚法》（2005年发布，2012年修正）第五十条规定：对于拒不执行人民政府在紧急状态情况下依法发布的决定、命令的，或阻碍国家机关工作人员依法执行职务的，“处警告或者200元以下罚款；情节严重的，处5日以上10日以下拘留，可以并处500元以下罚款”。

2.《突发事件应对法》的相关规定

《突发事件应对法》（2007 发布）第六十六条规定：“单位或者个人违反本法规定，不服从所在地人民政府及其有关部门发布的决定、命令或者不配合其依法采取的措施，构成违反治安管理行为的，由公安机关依法给予处罚。”第六十七条规定：“单位或者个人违反本法规定，导致突发事件发生或者危害扩大，给他人人身、财产造成损害的，应当依法承担民事责任。”

3.《消防法》的相关规定

《消防法》（1998 年发布，2008 年修订）第二十一条规定：“禁止在具有火灾、爆炸危险的场所吸烟、使用明火。”第六十三条规定：“违反规定使用明火作业或者在具有火灾、爆炸危险的场所吸烟、使用明火的”“处警告或者 500 元以下罚款；情节严重的，处 5 日以下拘留”。

《消防法》第六十四条规定：“过失引起火灾的”“尚不构成犯罪的，处 10 日以上 15 日以下拘留，可以并处 500 元以下罚款；情节较轻的处警告或者 500 元以下罚款”。

（三）农作物秸秆故意焚烧犯罪量刑所依据的法律及其相关规定

对故意焚烧秸秆导致犯罪的，可按《刑法》进行量刑。《刑法修正案（十）》（2017 年发布）第一百一十四条规定：放火或者以其他危险方法危害公共安全，“尚未造成严重后果的，处 3 年以上 10 年以下有期徒刑”。第一百一十五条第一款规定：放火或者以其他危险方法致人重伤、死亡或者使公私财产遭受重大

损失的，“处 10 年以上有期徒刑、无期徒刑或者死刑”；第二款规定：“过失犯前款罪的，处 3 年以上 7 年以下有期徒刑；情节较轻的，处 3 年以下有期徒刑或者拘役。”第二百七十七条规定：“以暴力、威胁方法阻碍国家机关工作人员依法执行职务的，处 3 年以下有期徒刑、拘役、管制或者罚金。”

（四）农作物秸秆禁烧管理国家行政法规

《民用机场管理条例》（2009 年发布）是目前我国唯一对秸秆禁烧做出明确规定的国家行政法规，其上位法律为《中华人民共和国民用航空法》。

《民用机场管理条例》规定，禁止在民用机场净空保护区域内从事“排放大量烟雾、粉尘、火焰、废气等影响飞行安全的物质”的活动。同时规定，在净空保护区域外从事相同活动，亦不得影响民用机场净空保护。在法律责任方面《民用机场管理条例》规定，对“焚烧产生大量烟雾的农作物秸秆、垃圾等物质”的行为，“由民用机场所在地县级以上地方人民政府责令改正；情节严重的，处 2 万元以上 10 万元以下的罚款”。

需要说明的是，《民用机场管理条例》的相关规定仅适用于民用机场净空保护区域及其周边地区的秸秆禁烧，对其他烟雾敏感地区秸秆禁烧无法律效力。

（五）农作物秸秆禁烧管理国家行政规章

正如前文所述，《秸秆禁烧和综合利用管理办法》是目前我国唯一的以秸秆禁烧和/或综合利用为题的国家行政规章，其对秸秆禁烧主要做了如下规定：

1. 统一领导

在地方各级人民政府的统一领导下，由各级环境保护行政主管部门会同农业等有关部门负责秸秆禁烧的监督管理。

2. 划定秸秆禁烧区，开展重点区域禁烧管理

禁止在机场、交通干线、高压输电线路附近和省辖市（地）级人民政府划定的区内焚烧秸秆。

秸秆禁烧区界定范围包括：以机场为中心15千米为半径的区域；沿高速公路、铁路两侧各2千米和国道、省道公路干线两侧各1千米的地带。因当地自然、气候等特点，需要对本办法给出的秸秆禁烧区界定范围做调整的，要由省辖市（地）级以上人民政府会商民航、铁路等有关部门确定。

同时，省辖市（地）级人民政府可以在人口集中区、各级自然保护区和文物保护单位及其他人文遗址、林地、草场、油库、粮库、通信设施等周边地区划定禁止露天焚烧秸秆的区域。

3. 以乡镇为单位落实禁烧区的秸秆禁烧工作

县级以上人民政府应公布秸秆禁烧区及禁烧区乡镇名单，将秸秆禁烧作为村务公开和精神文明建设的一项重要内容。禁烧区乡镇名单由所在县级以上人民政府环境保护行政主管部门和农业行政主管部门会同有关部门提出意见，报同级人民政府批准。

4. 实施目标责任制

将秸秆禁烧工作纳入地方各级环保目标责任制，严格检查、考核。

5. 严格禁烧执法

对违反规定在禁烧区内焚烧秸秆的，由当地环境保护行政主管部门责令其立即停烧，可以对直接责任人处以 20 元以下罚款；造成重大大气污染事故，导致公私财产重大损失或者人身伤亡严重后果的，对有关责任人员依法追究刑事责任。

《秸秆禁烧和综合利用管理办法》废止后，按照 2015 年第二次修订的《大气污染防治法》和部门职责分工，秸秆禁烧工作将更多地转由地方政府负责，由地方政府依照《大气污染防治法》进行严格监管。对造成财产重大损失或人身伤亡等严重后果并构成犯罪的秸秆焚烧行为，将依据刑事法律，对有关责任人员追究刑事责任。

三、立法建议

加快立法进程，进一步完善秸秆综合利用和禁烧管理的相关法规，从法律上保障我国秸秆综合利用水平的持续提高和秸秆禁烧管理工作的顺利开展。主要建议：

（一）对有关秸秆利用的某些法规进行必要的修订

第一，在《畜牧法》中增加秸秆养畜的规定。根据草食畜存栏量和饲草消耗定额进行估算，近年来，全国草食畜年饲草需求量在 4.3 亿吨左右。据农业部《全国草食畜牧业发展规划（2016—2020 年）》（农牧发〔2016〕12 号），2015 年全国秸秆饲料化利用量达到 2.2 亿吨。由此可见，在全国草食畜饲草来源中，秸秆已经占到1/2以上。但现行的《畜牧法》（2005年发布，2015年修正）在第三十五条第二款有关饲草饲料发展的规定中，仅提出“国家支持草原牧区开展草原围栏、草原水利、草原改良、饲草饲料基地等草原基本建设，优化畜群结构，改良牲畜品种，转变生产方式，发展舍饲圈养、划区轮牧，逐步实现畜草平衡，改善草原生态环境”的要求。因此，在未来修订《畜牧法》时，有必要将积极发展秸秆养畜、着力提升秸秆加工处理高效养畜水平等有关要求作为饲草饲料发展的规定，以推进秸秆过腹还田、种养一体化循环农业的快速发展。

第二，在《基本农田保护条例》中增添秸秆还田培肥的规定。现行的《基本农田保护条例》（1994年第一次发布，1998年第二次发布，2011年修订）第十九条规定：“国家提倡和鼓励农业生产者对其经营的基本农田施用有机肥料”“利用基本农田从事农业生产的单位和个人应当保持和培肥地力”。此对我国基本农田培肥发挥了重要的指导作用，但对基本农田培肥的具体要求欠缺，十分不利于基本农田质量的保护。在未来修订《基本农田保护条例》时，要从培肥地力的角度，增添秸秆还田、畜禽粪便堆肥还田等有关方面的内容，尤其是对于占补新增耕地要切实强调其培肥改土作用和要求，以实现耕地的占补质量平衡。

第三，在《水土保持法》进一步完善保护性耕作的有关规定。现行的《水土保持法》（1991年发布，2010年修订）第十八条第一款规定：“水土流失严重、生态脆弱的地区，应当限制或者禁止可能造成水土流失的生产建设活动。”第三十八条第二款规定：“在干旱缺水地区从事生产建设活动，应当采取防止风力侵蚀措施。”第三十九条规定：国家鼓励和支持在山区、丘陵区、风沙区以及容易发生水土流失的其他区域，采取“免耕、等高耕作、轮耕轮作、草田轮作、间作套种”等有利于水土保持的措施。

免（少）耕、秸秆覆盖、土壤深松是保护性耕作的“三要素”。高焕文（2007）撰文指出：通过对美国的考察和学者交流来看，美国学者提出适合美国的保护性耕作最佳模式不是免耕，而是大量秸秆覆盖加深松（少耕），强调秸秆覆盖的作用大于免耕的作用；30％的秸秆覆盖不够，要70％以上甚至100％秸秆覆盖率来充分发挥保护性耕作的效益。而我国的保护性耕作比较强调免耕以及深松的作用，对秸秆覆盖的作用重视不够。因此，在未来修订《水土保持法》时，要将保护性耕作作为水土保持的重要措施，综合涵盖免（少）耕、秸秆覆盖、土壤深松三个方面内容，并将其主要应用于干旱半干旱地区和坡耕地种植，以有效地减少风蚀、水蚀及其危害。条件成熟时，可制订《保护性耕作条例》。

第四，对《固体废物污染环境防治法》《清洁生产促进法》《环境影响评价法》进行系统修订，增加废弃秸秆收集利用的规定。从环境保护的角度而言，秸秆处置主要面临两大问题：一是露天焚烧；二是废弃。

根据国家发展和改革委员会和农业部共同组织完成的“全国‘十二五’秸秆综合利用终期评估”结果，2015 年我国主要农作物秸秆废弃量约为 1.8 亿吨（农业部新闻办公室，2016）。加上不宜就地还田的蔬菜尾菜，全国需要收集处理的废弃秸秆和蔬菜尾菜，总量达到 2.6 亿吨左右，成为面源污染的重要污染源。随着秸秆禁烧工作的不断深入，我国秸秆露天焚烧已在总体上得到一定程度的控制。预计在未来 10 年中，我国秸秆处置的工作重点将由目前的以秸秆禁烧为主，逐步转移到以废弃秸秆收集利用为主或两者并重的轨道上来。

现行的《固体废物污染环境防治法》《清洁生产促进法》（2002 年发布，2012 年修订）、《环境影响评价法》（2002 年发布，2016 年第一次修正，2018 年第二次修正）都没有对秸秆综合利用和废弃秸秆处置做出规定。

2018 年 7 月 11 日，生态环境部发布了《中华人民共和国固体废物污染环境防治法（修订草案）（征求意见稿）》（简称《征求意见稿》），向社会公开征集意见。与现行的《固体废物污染环境防治法》相比，《征求意见稿》新增了与废弃秸秆等农业固体废物处置相关的三个方面的内容。一是在第九十九条本法用语释义中增加了农业固体废物的定义："农业固体废物，是指在农业生产活动中产生的固体废物。"二是在第二十三条第一款中明确规定："产生畜禽粪便、作物秸秆、废弃薄膜等农业固体废物的单位和个人，应当采取回收利用等措施，防止农业固体废物对环境的污染。"三是在第二十三条第四款中明确规定："各级人民政府农业农村主管部门负责组织建立农业固体废物回收利用体系，推进农业固体废物综合利用或无害化处置设施建设及正常运行，规范农业固体废物收集、储存、利用、处置行为，防止污染环境。"可以预见的是，新一轮修订的《固体废物污染环境防治法》正式发布后，如果不将上述新添内容删除，将使其成为我国首部明确做出废弃秸秆等农业固体废物处置规定的法律。

《清洁生产促进法》第二十二条第一款虽然提出了"农业生产废物的资源化，防止农业环境污染"的要求，但对农业生产废物的内涵和主要处理方式都没有做出明确的界定。在未来修订《清洁生产促进法》时，应与新一轮修订的《固体废物污染环境

防治法》相呼应，对农业生产废物的内涵和处置要求做出明确规定。

为加快绿色发展，推进生态文明建设，国家发展和改革委员会、国家统计局、环境保护部、中央组织部以中共中央办公厅、国务院办公厅《生态文明建设目标评价考核办法》（厅字〔2016〕45号）为指导，联合制定并发布了《绿色发展指标体系》（发改环资〔2016〕2635号），将“农作物秸秆综合利用率”作为资源利用的重要监测评价指标纳入其中，由此使秸秆综合利用成为各级党委和政府推进生态文明建设的基本工作要求。在未来法律修订过程中，应从资源利用、环境治理、生态保护、绿色生活以及美丽乡村、人居环境建设的要求出发，将秸秆综合利用尤其是废弃秸秆处置等方面的规定纳入《环境影响评价法》。

第五，对《治安管理处罚法》《消防法》中的秸秆露天焚烧违规罚款规定进行修订，使其与《大气污染防治法》的相关罚款规定相一致。

（二）将秸秆还田作为新制定的《耕地质量保护条例》的必要内容

农业部印发的《耕地质量保护与提升行动方案》（农农发〔2015〕5号）明确提出“加快《耕地质量保护条例》和《肥料管理条例》立法进程”的要求。目前，我国已有10多个省份制定并发布了耕地质量保护条例或办法。

全国《耕地质量保护条例》的制定，要在总结各地耕地质量保护条例或办法制定与实施效果的基础上，将秸秆直接还田、秸秆过腹还田、秸秆堆肥还田、秸秆沼肥还田、秸秆炭基肥还田等秸秆还田方式作为耕地质量保护的必要技术和有效措施，进行鼓励和扶持，以保障秸秆循环利用水平和耕地质量水平的稳步提升。

（三）借鉴国外经验制定《生物质能条例》

美国、德国等发达国家一般将《生物质能条例》作为规范秸秆新型能源化利用的主要法规（王红彦 等，2016）。目前我国还没有以秸秆、粪便、林木剩余物、陈化粮、能源作物、农产品加工有机废弃物、城乡生活有机垃圾、城镇污水污泥等生物质的能源化利用为基本内容，制定相应的《生物质能条例》。

从借鉴国外经验来看，我国应以《可再生能源法》为上位法律，制定适宜我国国情的《生物质能条例》，并对包括秸秆新型能源化在内的生物质发电、生物质成型燃料、沼气和生物天然气、生物质热解气化、生物质炭化、燃料乙醇、生物质油等主要的生物质能生产利用方式做出具体的规定，明确其发展方向、技术要求、扶持重点、激励机制、强制性处罚、政策保障等有关要求。

（四）对秸秆禁烧区外的秸秆限制焚烧从国家层面做出明确规定

根据《大气污染防治法》《固体废物污染环境防治法》以及国务院办公厅《关于加快推进农作物秸秆综合利用的意见》（国办发〔2008〕105 号）等行政指导文件的要求，全国各省（自治

区、直辖市）相继划定了秸秆禁烧区，并在北京、天津、上海、江苏、河北、河南、湖北、湖南等15个省份实施了秸秆全境禁烧（毕于运、王亚静，2019）。但我国现行的法规和行政指导文件，一直没有对秸秆禁烧区之外区域的秸秆焚烧管理做出明文规定。

2017年黑龙江省秸秆禁烧工作联席会议办公室印发的《关于加强秸秆焚烧联动管制工作的意见》（黑农委植发〔2017〕14号）将全省划分为禁烧区和非禁烧区，同时，从焚烧地区划定、焚烧时段管制、气象指数预报、空气质量监测等方面，对非禁烧区秸秆焚烧管理提出了具体要求，从而开创了我国非禁烧区秸秆“限制焚烧”管理的先河。与此同时，吉林省也开展了“限烧区”的秸秆“限制焚烧”管理实践，要求在秸秆还田和离田确实存在一定困难、秸秆滞留田间明显影响春季播种的情况下，才能在特定区域（秸秆禁烧区之外的区域）、特定季节和烟雾扩散气候条件许可的时日，严格按照市县的计划安排和通知要求进行秸秆焚烧。

为使秸秆禁烧区之外区域的秸秆焚烧管理有章可循，建议国家有关部门遵照《大气污染防治法》《固体废物污染环境防治法》等有关法律和国家行政指导文件，以有效控制秸秆焚烧和最大限度地减轻烟气污染为目的，将秸秆禁烧区之外的区域规定为秸秆限烧区，并归纳总结和借鉴黑龙江、吉林两省的实践经验，对秸秆限烧区的许可焚烧条件和限制焚烧要求做出明确的行政指导规定；进而根据具体的实施情况，待时机成熟时，将行政指导规定上升为地方法规或国家法律法规，以全面提升我国秸秆禁烧的行政管理和执法管理水平。

参　考　文　献

北京科技报，1989. 农业部将大力推广10项科技成果［J］. 现代农业，(3)：45.

毕于运，王道龙，高春雨，等，2008. 中国秸秆资源评价与利用［M］. 北京：中国农业科学技术出版社.

毕于运，王亚静，2019. 国家法规与政策——农作物秸秆综合利用和禁烧管理［M］. 北京：中国农业科学技术出版社.

毕于运，王亚静，2017. 经验与启示——发达国家农作物秸秆计划焚烧与综合利用［M］. 北京：中国农业科学技术出版社.

毕于运，2010. 秸秆资源评价与利用研究［D］. 中国农业科学院研究生院.

曾玉英，2012. 生物质发电　好项目一哄而上让人忧［N］. 常德日报，06-19.

邓勇，陈方，王春明，等，2010. 美国生物质资源研究规划与举措分析及启示［J］. 中国生物工程杂志，30 (1)：111-116.

丁亮，2015. 射阳县秸秆发电的分布式秸秆储运系统研究［D］. 南京大学.

丁翔文，张树阁，王俊友，2009. 德国和丹麦农作物秸秆利用技术与装备考察报告［J］. 农机科技推广，(12)：51-55.

董少广，2014. 生物质发电存在哪些问题［N］. 中国环境报，07-01 (2).

符纯华，单国芳，2017. 我国有机肥产业发展与市场展望［J］. 化肥工业，

44（1）：9-12，30.

高虎，黄禾，王卫，等，2011. 欧盟可再生能源发展形势和2020年发展战略目标分析［J］. 可再生能源，29（4）：1-3.

高焕文，2007. 美国保护性耕作发展动向［J］. 农业技术与装备，（9）：30.

观研天下北京信息咨询有限公司，2017. 2018年我国有机肥料行业发展现状以及未来展望［EB/OL］. 12-26.

郭庭双，2003. “秸秆养畜”成效大　联合国决定推广中国经验［J］. 中国畜牧杂志，（3）：3-4.

郝辉林，2001. 玉米秸秆机械粉碎还田前景分析［J］. 中国农机化，（2）：30-31.

胡婕，贾冰，许雪记，2015. 江苏省生物质发电产业现状问题及解决对策研究［J］. 可再生能源，33（2）：283-288.

黄少鹏，2014. 影响秸秆发电产业发展的制约因素分析——基于五河凯迪生物质能发电厂调研［J］. 再生资源与循环经济，7（8）：17-19.

黄忠友，2019. 试析生物质发电发展现状及前景［J］. 科技风，（2）：185.

姬庆瑞，1987. 作物秸秆不可焚烧［J］. 河北农业科技，（6）：12.

蒋济众，乔阳，佟启玉，2015. 德国分布式生物质能源工程对北大荒生态农业发展的启示［J］. 农场经济管理，（7）：3-5.

金攀，2010. 美国保护性耕作发展概况及发展政策［J］. 农业工程技术，（11）：23-25.

靳秀林，李鹏飞，关山月，等，2015. 国外玉米秸秆收获机械的发展现状及启示［J］. 河南农业，（9）：54-55.

靳贞来，靳宇恒，2015. 国外秸秆利用经验借鉴与中国发展路径选择［J］. 世界农业，（5）：129-132.

李安宁，范学民，吴传云，等，2006. 保护性耕作现状及发展趋势［J］. 农业机械学报，37（10）：177-180.

李超民，2013. 美国2013年《农场法》能源补贴与展望［J］. 农业展望，

（10）：36－40.
李管来，张永祥，1988. 制止麦收后的“一把火”[N]. 农民日报，07－11.
李建政，王道龙，高春雨，等，2011. 欧美国家耕作方式发展变化与秸秆还田 [J]. 农机化研究，（10）：205－210.
李万良，刘武仁，2007. 玉米秸秆还田技术研究现状及发展趋势 [J]. 吉林农业科学，32（3）：32－34.
梁建国，马晓晖，2011. 生物质发电工程燃料输送系统的优化配置 [J]. 能源与节约，（6）：62，82.
刘恒新，王薇，李庆东，等，2009. 保护性耕作在澳大利亚的成功实践——农业部赴澳大利亚技术交流考察报告 [J]. 农机科技推广，（9）：48－51.
刘宁，张忠法，2009. 国外生物质能源产业扶持政策 [J]. 世界林业研究，22（1）：78－80.
刘善江，薛文涛，苗万有，等，2018. 有机肥料行业的特点与发展趋势 [J]. 蔬菜，（12）：26－29.
刘巽浩，王爱玲，高旺盛，1998. 实行作物秸秆还田促进农业可持续发展 [J]. 作物杂志，（5）：2－6.
罗涛，2010. 德国新能源和可再生能源立法模式及其对我国的启示 [J]. 中外能源，15（1）：34－45.
马常宝，2004. 我国有机肥料工厂化现状及发展前景 [J]. 磷肥与复肥，19（1）：7－11.
《农牧产品开发》编辑部，1997. 国务委员陈俊生在山东考察时指出秸秆养畜是畜牧业根本出路 [J]. 农牧产品开发，（11）：3.
农业部新闻办公室，2016. 我国主要农作物秸秆综合利用率超过 80% [EB/OL]. 05－26.
彭超，2014. 美国 2014 年农业法案的市场化改革趋势 [J]. 世界农业，（5）：77－81.
齐志攀，范嘉良，2012. 探讨秸秆发电燃料输送系统设计要点 [J]. 科技

与企业，(24)：168.

任继勤，汪亚运，王得印，2014. 国外生物质能源政策措施及其效果分析 [J]. 世界林业研究，27 (2)：89-92.

思远，2010. 美国发展保护性耕作的做法及启示 [J]. 当代农机，(10)：52-53.

宋晓华，2017. 成本高企、收储不畅制约生物质电厂经济效益——秸秆发电，缘何“叫好不叫座” [N]. 新华日报，01-24 (6).

田野，1990. 农业部提出六项措施积极发展有机肥 [J]. 新疆农业科技，(6)：3.

童晶晶，刘蕊，张明顺，2015. 关于生物质能利用现状及政策启示 [J]. 环境与可持续发展，(4)：127-129.

王红彦，王飞，孙仁华，等，2016. 国外农作物秸秆利用政策法规综述及其经验启示 [J]. 农业工程学报，32 (16)：216-222.

王俊友，吕黄珍，燕晓辉，等，2008. 国外玉米和小麦秸秆收集装备发展及启示 [C]. 中国农业机械学会 2008 年学术年会.

王鲁，1986. 大量焚烧庄稼秸秆 石家庄被烟雾笼罩 [N]. 中国环境报，10-18.

王鹏，2001. 有机肥工厂化问题的探讨 [J]. 青海农技推广，(2)：15-17.

王韬钦，2014. 美国、巴西农业生物质能产业发展实践与经验借鉴 [J]. 世界农业，(11)：138-141.

王婷然，2018. 燃料收购不同模式下生物质发电供应链的多目标优化 [D]. 华北电力大学.

王亚静，王红彦，高春雨，等，2015. 稻麦玉米秸秆残留还田量定量估算方法及应用 [J]. 农业工程学报，31 (13)：244-250.

吴战勇，2014. 国外生物质能源发展对中国的启示 [J]. 世界农业，(4)：44-46，82.

席来旺，2007. 美国：秸秆乙醇成新宠 [N] //浅析国外秸秆的综合利用

[J]. 现代农业装备，(7)：67－68.

谢旭轩，王仲颖，高虎，2013. 先进国家可再生能源发展补贴政策动向及对我国的启示 [J]. 中国能源，35 (8)：15－19.

燕丽娜，2017. 促进生物质发电可持续发展的建议——以江苏省为例 [J]. 科技经济导刊，(23)：130，143.

杨林，赵嘉琨，王衍，等，2001. 澳大利亚机械化旱作节水农业和保护性耕作考察报告 [J]. 农机推广，(4)：20－22.

杨圣春，邵兵，李淼，2017. 安徽省生物质发电产业存在问题与对策 [J]. 国网技术学院学报，20 (2)：63－66.

姚金楠，2018. 秸秆在门口堆放腐烂，生物质发电厂弃用原因很无奈 [EB/OL]. 12－11.

于学华，2017. 安徽发展秸秆发电成效显著 [N]. 中国电力报，07－29 (3).

张百灵，沈海滨，2014. 国外促进生物质能开发利用的立法政策及对我国的启示 [J]. 世界环境，(5)：78－80.

张嵎喆，王君，林中萍，2008. 欧盟生物质能产业发展现状和相关政策研究 [J]. 中国科技投资，(11)：45－47.

郑玲惠，张硕新，王莹，2009. 国外发展生物质能政策措施对中国的启示 [J]. 市场现代化，(6)：13－14.

中国农村科技编辑部，2011. 国外生物质能源战略的启迪 [J]. 中国农村科技，(3)：52－55.

舟丹，2014. 德国《可再生能源法》的沿革 [J]. 中外能源，(9)：55.

周应恒，张晓恒，严斌剑，2015. 韩国秸秆焚烧与牛肉短缺问题解困探究 [J]. 世界农业，(4)：152－154.

朱立志，冯伟，邱君，2013. 秸秆产业的国外经验与中国的发展路径 [J]. 世界农业，(3)：114－117.

Chen Y，Tessier S，Cavers C，Xu X，Monero F，2005. A Survey of Crop

Residue Burning Practices in Manitoba [J]. Appl Eng Agric, 21 (3): 317 - 323.

Dinica V, Arentsen M J, 2003. Green Certificate Trading in the Netherlands in the Prospect of the European Electricity Market [J]. Energy Policy, 31 (7): 609 - 620.

Ecofs, 2012. Financial Renewable Energy in European Energy Market (Final Report) [R]. //程荃. 欧盟新能源法律与政策研究 [M]. 武汉: 武汉大学出版社.

Ericsson K, Huttunen S, Nilsson L J, Svenningsson P, 2004. Bioenergy Policy and Market Development in Finland and Sweden [J]. Energy Policy, 3: 1707 - 1721.

Kirsten S, 2014. Renewable Energy Sources Act and Trading of Emission Certificates: A National and A Supranational Tool Direct Energy Turnover to Renewable Electricity - Supply in Germany [J]. Energy Policy, 64 (1): 302 - 312.

Korontzi S, McCarty J L, Loboda T, Kumar S, and Justice C, 2006. Global Distribution of Agricultural Fires in Croplands from 3 Years of Moderate Resolution Imaging Spectroradiometer (MODIS) Data [J]. Global Biogeochemical Cycles, 20 (2): 1 - 15.

Matsumoto N, Sano D, Elder M, 2009. Biofuel Initiatives in Japan: Strategies, Policies, and Future Potential [J]. Applied Energy, (86): S69 - S76.

McCarty J L, Justice C O, Korontzi S, 2007. Agricultural Burning in the Southeastern United States detected by MODIS [J]. Remote Sensing of Environment, 108 (2): 151 - 162.

Morthorst P E, 2000. The Development of A Green Certificate Market [J]. Energy Policy, 28: 1085 - 1094.

Nilsson L J, Pisarek M, Buriak J, 2006. Energy Policy and the Role of Bioenergy in Poland [J]. Energy Policy, 34 (15): 2263 - 2278.

Panoutsou C, 2008. Bioenergy in Greece: Policies, Diffusion Framework and Stakeholder Interactions [J]. Energy Policy, 36 (10): 3674 - 3685.

Thornley P, Cooper D, 2008. The Effectiveness of Policy Instruments in Promoting Bioenergy [J]. Biomass and Bioenergy, 32 (10): 903 - 913.

Vasilyev M, 2011. Regulation and Trends in Electric Power Industry: Renewable Generation in Germany and Switzerland [J]. Powertech, IEEE Trondheim, 1 - 5.

Yevich R, Logan J A, 2003. An Assessment of Biofuel Use and Burning of Agricultural Waste in the Developing World [J]. Global Biogeochemical Cycles, 17 (4): 1 - 108.